国家自然科学基金（51808106）资助项目
江苏省自然科学基金（BK20180390）资助项目

城市规划实施评估研究：理论、准则和方法

徐　瑾　著

东南大学出版社
·南京·

内容提要

本书是对城市规划实施评估方法的研究。基于我国和英国的规划评估实践,尝试通过"要素—情景—方法—结论"的分析框架解析评估方法与评估要素的对应关系,提出事实监测、事实描述、价值评判、过程追溯和结论协商五个评估情景,并由此得出规划实施评估的方法选择范式。在高质量发展和规划动态转型的背景下,规划实施评估有助于监测城市发展,提升规划实施的有效性和规划编制的科学性,将在规划体系中发挥更关键的作用。本书为拓展规划实施评估方法体系的理论研究提供了新的视角,也为规划评估实践提供了参考性指南,可作为规划管理人员、规划师及规划专业师生的参考文献。

图书在版编目(CIP)数据

城市规划实施评估研究:理论、准则和方法 / 徐瑾著.
南京:东南大学出版社,2021.12
ISBN 978-7-5641-9774-2

Ⅰ.①城… Ⅱ.①徐… Ⅲ.①城市规划—研究 Ⅳ.
①TU984

中国版本图书馆 CIP 数据核字(2021)第 231293 号

责任编辑:丁　丁　责任校对:子雪莲　封面设计:徐　瑾　责任印制:周荣虎

城市规划实施评估研究:理论、准则和方法

Chengshi Guihua Shishi Pinggu Yanjiu:Lilun、Zhunze He Fangfa

著　　者:徐　瑾
出版发行:东南大学出版社
社　　址:南京四牌楼 2 号　邮编:210096　电话:025-83793330
网　　址:http://www.seupress.com
电子邮箱:press@seupress.com
经　　销:全国各地新华书店
印　　刷:江苏凤凰数码印务有限公司
开　　本:787mm×1092mm　1/16
印　　张:11.75
字　　数:271 千
版　　次:2021 年 12 月第 1 版
印　　次:2021 年 12 月第 1 次印刷
书　　号:ISBN 978-7-5641-9774-2
定　　价:78.00 元

序　言

城市规划的实施评估在中国的实践中挑战与机会并存，简单的工作回顾和环节回溯往往涉及后任评价前任的诸多忌讳，或者有新官不理旧账的无奈；纯粹的所谓“科学理性”评估，往往又落入数据游戏的陷阱中，常常是见物不见人，成了建设成就的展示和硬件短板的分析；全面而组织松散的民调会收集到海量的事关个人“一亩三分地”上的收益和抱怨，少有价值观凝聚和大势大局判断的裨益。正是这一系列问题的存在促成了徐瑾同志读博期间的选题，这本书是以她的博士论文为基础修订出版的。

作为一个成绩优异的直博生，徐瑾的独立研究能力和认真严谨的学风是同龄弟子中有目共睹的。基础课程结束后，她争取到英国剑桥大学的一年访学机会，利用丰富的历史和理论资料完成了研究架构的设计，并走访了英、美许多重要城市，深度了解具体的实践运用成效。回国后又广泛走访中国主要城市的规划编制和管理工作者，不断修正理论模型和实践需求的关系，最终形成了文中对城市规划实施评估方法与路径的独到见解。

在上述对国内外评估研究与实践系统调研与梳理的基础上，本书以“过程分区”的视角将规划实施评估分为“事实监测、事实描述、价值评判、过程追溯及结论协商”五个关键环节，对国内外规划评估的现状做了较为全面的阐述与解析。书中具有创新性地提出了将评估方法与不同的评估要素、评估情景相关联起来的观点，构建了“要素—情景—方法—结论”这一分析框架，概念清晰、层层深入地阐释了评估方法的选择范式，使规划实施评估方法的科学性有了很大的提升。总的来看，本书不仅具有翔实的资料和系统的梳理，也在研究视角、研究方法、分析逻辑上形成了具有一定独创性、思辨性的理论成果，是一次面向规划实施评估很有意义的探索。

对于徐瑾个人来说，这本书也是她从事学术研究的开始。徐瑾博士毕业后到东南大学建筑学院工作，一晃几年教学与科研各方面都在扎实稳步地拓展，现已成为学院最年轻的副教授之一。还记得她毕业那年向我求字“博学之，审问之，慎思之，明辨之，笃行之”时的情景，恍如昨日，今日我为她的成长、为她的思考与专注感到欣慰，也对她的明日寄予厚望。

尹稚[1]

2021 年 10 月 18 日

---

① 清华大学建筑学院教授，博士生导师，清华大学中国新型城镇化研究院执行副院长，清华大学城市治理与可持续发展研究院执行院长，清华大学国家治理与全球治理研究院首席专家，中国城市规划学会副理事长。

前　言

本书旨在研究如何评估城市规划实施的成效，属于规划研究的范畴内在方法论层面的探讨。研究提出“要素—情景—方法—结论”的分析框架，构建了规划实施评估的方法选择范式。

我国各城市编制的规划往往在实施后未完全发挥出预期的作用。一方面快速城镇化过程中诸多的不确定性，造成原规划不适宜；另一方面源于对规划权威性的重视不足，实施评估无奈沦为规划修改的“帮凶”。2008年《城乡规划法》的颁布确立了城乡规划实施评估重要的法定地位，此后掀起了规划实施评估的研究与实践热潮。2018年国土空间规划体系的改革，重申了空间规划体系的权威性，以及生态文明建设、以人为本和高质量发展等空间发展的核心价值导向。2021年6月，国家自然资源部发布《国土空间规划城市体检评估规程》，进一步明确建立实施监测、定期评估、动态维护制度的必要性。面向全域资源统筹、上下层级衔接、空间高质量发展和高效能治理等要求，规划实施评估不仅是一项基础的技术工作，而且将成为国土空间规划体系中落实目标、保障实效的关键工具。

虽然国内外该领域的研究已取得一些进展，阐明了评估的系统性和综合性等要求，揭示了评估工作的复杂性，解析了评估与规划在工作机制层面的关系等。但尚待解释的问题仍然很多，尤其对评估的核心问题“评估方法确立的内在逻辑和价值标准”缺乏明确、系统的理论解答。评估方法的确立对评估结论具有重要的影响，是评估专业性和科学性的保障。过去我国城乡规划实施评估的工作处于模仿学习的阶段，很多地方政府规划管理部门能做的是将其看成规划管理工作中的一个环节。在这样的情况下，评估真正的意义和作用无法得到充分体现和发挥。同时，结合国土空间规划体系改革和空间发展核心价值转型的背景，很有必要对规划实施评估进一步拓展研究，阐明评估方法与其形成的内在逻辑，为科学开展城市监测、规划实现度评判和实施过程追溯等一系列评估工作完善空间规划体系，并推进高质量高效的全域空间治理提供支撑。

需要说明的是，本书在国土空间规划体系改革之前开展研究，以城市总体规划的实施评估为研究对象，集中在2000—2015年期间搜集整理了国内外城市的评估案例。虽然国土空间规划体系的改革带来了不同空间层级规划核心问题的转变，但在规划评估研究中，尤其在评估方法上依然具有高度的相似性和延续性。因而，从当前国土空间规划体系的层级来看，本文研究对象与城市级国土空间总体规划实施评估是相对应的，文中提到2017年之前的城市规划实施评估与当前的国土空间规划实施评估相对应。

本书首先从方法研究的视角出发，以评估学、公共政策评估、教育评估等研究成果为理论基础，结合国内外重要城市的评估实践与研究报告，系统梳理了已有规划实施评估方法的类别，将评估技术方法归纳为四类方法集（“成本-收益分析”“目标-结果比较”“综合指标体系”和“案例质性研究”），并评述了其内在逻辑、评判标准及适用性。

其次，本书依据“不同的关键要素为限定评估情景提供条件，特定的评估情景引导评估方法的确立，而评估方法不同将会导致所采集的数据和信息不同，从而影响评估的结论”的逻辑，进一步提出“要素—情景—方法—结论”的分析框架，并围绕不同情景下如何确立评估方法的问题展开探讨，深入解析影响不同评估情景的五个关键要素（评估的目的、对象、判断标准、参照对象和参与者）的内涵。

再次，基于中英两国规划实施评估案例的比较研究，探讨评估方法与评估要素的对应关系。涉及我国多个重要城市的评估案例，以及在中英两国多个城市规划部门开展的访谈和调研，为本书奠定了良好的案例数据基础，并进一步论证确立了“要素—情景—方法”的关联框架。

最终得出三点重要结论。第一，城市规划的实施评估并不缺少技术方法（工具理性）上的比较，但缺乏方法选择逻辑（过程理性）的研究。规划评估方法确立源于对关键问题的理解和城市发展状况的判断，不同的评估理念下规划实施评估的视角和方法不同，评估的结论也因方法选择的前提准则和价值博弈而不同。因而探讨规划实施评估方法是如何确立的、受哪些因素影响、为什么采用这一评估方法等问题具有重要意义。

第二，本书提出了一个基于评估关键要素与评估方法关联性的分析框架，系统分析了评估要素的内涵，由不同评估要素决定评估在五类不同情景（事实的监测、事实的描述、价值的评判、过程的追溯、结论的协商）中确立不同方法集（一致性与有效性、目标性与对策性、技术性与机制性、前瞻性与时效性、实证主义与建构主义）的依据。以评估情景作为评估要素与方法之间的关联点，明确了不同方法在不同属性的情景下解决的不同层面问题，并建立了不同评估关键要素影响下评估方法的选择路径，为提升规划实施评估方法的科学性和系统性提供支撑。

第三，构建“理论—准则—方法”的规划实施评估方法范式，包括理论层面的五组特性方法选择树模型和系统分类的方法集，以指导不同情景下评估方法的科学选择。基于以上研究成果，本书以城市公共空间的规划实施评估为实例，探索依照“要素—情景—方法”的逻辑推演形成评估方案的路径，验证比较方法范式在实践中的优化作用。研究成果为城市规划实施评估的方法研究扩充了具有创新性的理论成果，提供了更稳定、更系统的方法指南。该分析框架的进一步实证应用是后续的重要研究方向。

综上，本书为我国开展规划实施评估工作提供了一些参考性建议。第一，全面明晰开展评估的条件，为解答规划实施中不同层面的问题确立不同的评估路径，做到有的放矢。第二，科学认识不同价值标准对评估结论的影响，鼓励在多方参与共同协商的过程中形成对规划实施更进一步的理解和共识。第三，以生态文明建设、以人为本和高质量发展等空间发展的核心价值为衡量标尺，提升规划实施评估的科学性和系统性，为完善国土空间规划体系与落实全域空间治理发挥更关键的作用。

主要符号对照表

AMR	年度监测报告	Annual Monitoring Report
BA	收益分析	Benefit Analysis
CBA	成本-收益分析	Cost Benefit Analysis
CEA	成本-效益分析	Cost Effectiveness Analysis
CIA	社区影响分析	Community Impact Analysis
CIE	社区影响分析	Community Impact Evaluation
DP	动态规划评价	Dynamic Planning
EIA	环境影响分析	Environment Impact Analysis
FIA	财政影响分析法	Fiscal Impact Analysis
GAM	目标-结果矩阵	Goal Achievement Matrix
GBE	目标导向的评估	Goal Based Evaluation
MCA	多指标分析	Multi Criteria Analysis
MCE	多指标评估	Multi Criteria Evaluation
PBSA	规划平衡表分析	Planning Balance Sheet Analysis
PIE	规划实施一致性评估模型	Planning Impleamentation Evaluation
PPIP	政策—项目—实施—过程评估模型	Policy Program Implementation Progress
PPPP	政策—规划—程序—项目评估模型	Policy Planning Program Project
PPR	规划—过程—结果方法	Plan Process Result
SIA	社会影响评价	Social Impact Assessment
SoftGIS	非客观空间信息系统	Soft Geographic Information System

目　录

1 绪论

1.1 研究背景

1.1.1 新型城镇化背景下的城市转型需求

随着我国城镇化进程的不断推进，为应对新的主要矛盾和挑战，城市发展面临着转型的需求和重心的转移。2012 年国家中央经济工作会议第一次提出“新型城镇化”道路，此后 2014 年 3 月中共中央、国务院印发了《国家新型城镇化规划(2014—2020)》。相比传统城镇化，新型城镇化道路对城市转型提出了三方面的基本要求：第一，新型城镇化从关注数量增长向关注质量提升转型(仇保兴，2012)，提倡健康城镇化和可持续的发展道路(姚士谋，张平宇，余成等，2014)。尤其是进入相对发展成熟阶段的大城市，例如上海、北京等城市纷纷提出了“控制增量、盘活存量”等城市土地开发策略。第三，新型城镇化通过反思 20 世纪 90 年代以来的蓝图式规划，提出从通过大规模空间生产牟求经济效益的价值观，向追求社会、经济、生态等多元价值观转型(赵佩佩，顾浩，孙加凤，2014)。第三，新型城镇化强调以人为本，以改善城市生活质量为基本要求(单卓然，黄亚平，2013)，关注来自公众的诉求，保障基础设施、公共服务设施、公共空间等的供给。

因而，新型城镇化具有“先破后立”的内涵，即反思传统城镇化带来的问题，进而确立新的多元价值判断标准，实现以人为本、质量提升和可持续发展的城市转型需求。城市规划是引导城市转型的工具，也需要开展“先破后立”，即反思过去规划实施后产生的问题，以多元价值观对实施结果做出评估和校验，从而引导规划在城市转型过程中发挥更有效的作用(图 1-1)。

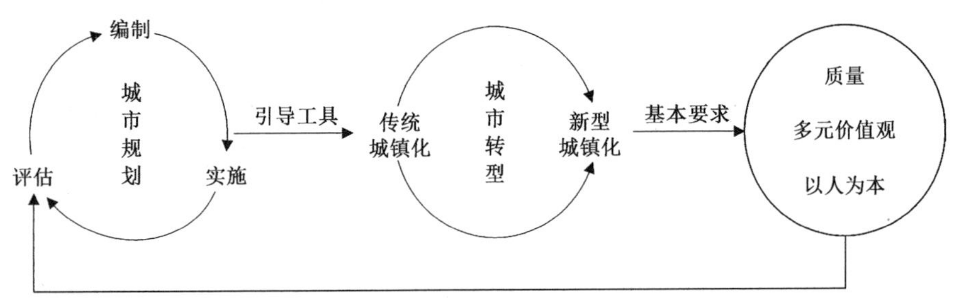

图 1-1 城市规划评估、城市规划和城市转型的关系

距上一届城市工作会议召开37年之后，2015年中央再次召开城市工作会议，这预示着我国城市工作进入一个新的转型阶段，城市工作也提升为中央层面的重点工作。会议强调了城市工作是一项系统工程①，"结合规划、建设和管理的环节，加强城市工作的系统性"（王政淇，赵纲，2015），尊重规划本身的严肃性和延续性，在规划批准后，秉承"一张蓝图干到底"②，严格执行规划，避免出现领导换届带来的规划频繁被修改或更换的问题。此外，会议还指出政府、社会和市民三大主体统筹协作的重要性，尤其是对政府而言，要加强城市的精细化管理，提升城市发展的质量。这意味着下一阶段城市工作将重心向精细化转型，不仅关注蓝图式的目标，更关注目标实施的延续性、实施路径的明确性，以及实时监测管理的精细性。

据上述对新型城镇化和中央城市工作会议的解读，在现阶段我国宏观背景下，城市面临着转型的需求。规划作为引导城市转型的工具，需要发挥更关键有效的作用。而在这一过程中，亟须对规划实施的结果做出及时、科学、客观的评估，包括反思过去规划实施的结果、监测规划实施的实现程度和质量、预判当前和未来的发展态势、反馈多元价值标准下各方面的新问题，以便调整相应的规划政策，落实以人为本的新型城镇化要义。因而，有必要开展对规划实施评估方法的系统研究，以促进规划实施的质量，进而提升城市品质，满足我国下一阶段城市发展的要求。

1.1.2 支撑国家规划体系改革的必要环节

2006年《城市规划编制办法》明确要求，城市总体规划编制前，须对现行规划及相关规划的实施情况进行总结评价。自2008年《城乡规划法》（2008）颁布以来，一系列相关正式文件都要求将评估规划实施作为政府规划管理部门的一项常务性工作并赋予了其重要的法律地位。《城乡规划法》（2008）中阐明了规划实施评估的必要性、具体内容和相关流程③。具体来说，法规将规划评估分为两种类型：一类是在规划实施过程中定期开展的评估工作，时间周期大约是每两年一次，并通过听证会等形式征求公众意见。另一类是在城市总体规划的修改工作前开展的评估工作。必须通过规划实施评估论证必要性，方能修改规划或重新编制规划。尤其是涉及强制性内容的修改，另需要专题报告作为支撑（郑德高，闫岩，2013）。

---

① 2015年中央城市工作会议指出，我国城市"经历了规模最大、速度最快的城镇化进程"，已进入新的发展时期，并提出了六条具体指导要求。本书认为其中第三条"统筹规划、建设、管理三大环节，提高城市工作的系统性"和第六条"统筹政府、社会、市民三大主体，提高各方推动城市发展的积极性"为开展规划实施评估的研究补充了必要性。

② 2013年2月28日，习近平总书记在中共十八届二中全会第二次全体会议上讲话中指出，地方工作"一张蓝图干到底"。城市规划的编制和实施亦是如此，2013年12月12日中央城镇化工作会议也提出了未来推进城镇化的过程中，也需要"一张蓝图干到底"，这进一步强调了规划的权威性、严肃性和价值。

③ 《城乡规划法》（2008）2007年10月由第十届全国人民代表大会常务委员会第三十次会议通过，2008年1月1日实施。在"第四章城市规划的修改"中规定了规划组织编制部门，应当"组织有关部门和专家定期对规划实施情况进行评估"，并征求公众意见，最终向本级人大提出评估报告并附征求公众意见的情况；且需要经过评估论证，的确需要修改规划的才能开展规划修改工作。

此后2009年，住房和城乡建设部颁布了《城市总体规划实施评估办法(试行)》(简称《试行办法》)。《试行办法》进一步强调城市规划实施情况的评估工作原则上应每两年进行一次，并建议其应包括七个方面的基本内容①。依据《城乡规划法》(2008)和《试行办法》的要求，许多城市意识到城市规划实施评估环节的重要性，增加了评估的环节，调整了城市规划体系。在新一轮国土空间规划体系调整背景下，规划评估的重要性依然没有被忽视。2021年6月，《国土空间规划城市体检评估规程》正式发布，明确提出年度体检与五年评估相结合的工作机制，以及6大类23个小类33项指标的评估指标体系。

尽管如此，实践中目前我国各城市的评估工作尚处于初级阶段，且因各地发展阶段、城市规模和利用资源的不同，评估工作的质量参差不齐。因而有必要开展对规划实施评估的系统研究，包括对该领域理论和实践的探究，从而更好地发挥评估在规划编制和实施中的作用，认识规划约束或引导的效力，科学地指导城市规划体系的改革。

随着法律法规对规划体系改革做出的缓步调整，理论界受到西方规划领域学者的影响，倡导规划体系改革、引入规划评估、开展“动态规划”等呼声日益高涨(丁国胜，宋彦，陈燕萍，2013；顾大治，管早临，2013；顾永清，1994；黄明华等，2002；王富海等，2013；周国艳，2013a)。20世纪下半叶“系统论”“控制论”等理论的提出，引导西方城乡规划学界开始趋向于系统和动态地认识城市发展规律，并指导开展城乡规划实践。Mcloughlin(1969)认为，城市规划是一个系统的、环状可循环的过程，没有明确的起点和终点，并且评估作为一个重要环节，其结论将反馈给最开始的规划制定和决策环节，正如Zeisel(1984)画出的螺旋式动态规划过程图(图1-2)。因而，为实现规划体系向“动态规划”的方向转型，通过研究，形成对规划实施评估成熟科学的认识很有必要。

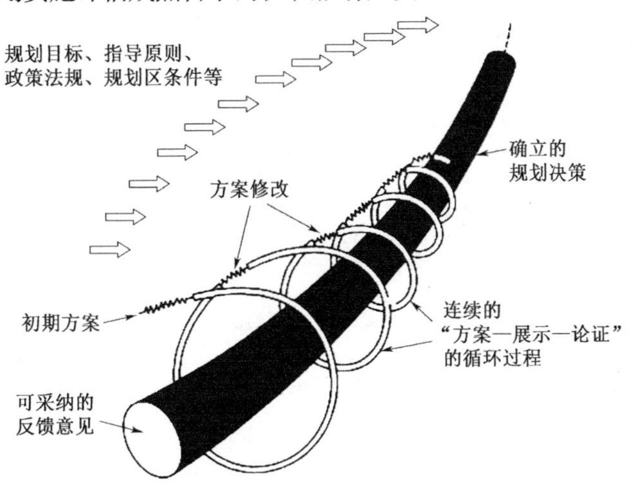

图1-2　动态规划过程示意图

资料来源：参考(Zeisel，1984)

① 《城市总体规划实施评估办法(试行)》规定的七个方面的基本内容包括“(一)城市发展方向和空间布局是否与规划目标一致；(二)规划阶段性目标的落实情况；(三)各项强制性内容的执行情况；(四)规划委员会制度、信息公开制度、公众参与制度等决策机制的建立和运行情况；(五)土地、交通、产业、环保、人口、财政、投资等相关政策对规划实施的影响；(六)依据城市总体规划的要求，制定各项专业规划、近期建设规划及控制性详细规划的情况；(七)相关的建议等”。

1.1.3 各城市开展体检评估中的实践困惑

我国过去规划实践中存在着"重编制、轻实施"的问题。每年各级政府都会有不同数额的财政拨款用于规划编制，自 20 世纪 90 年代以来，省、市、县、镇各政府所编制的规划总量极大，见证并参与了快速城镇化过程(张庭伟，2009)。尤其是伴随政府换届，新一轮规划编制常委会启动。规划的易替代性导致其权威性被轻视，陷入了过去常说的"纸上画画、墙上挂挂"的困境。

然而，规划实施和编制对城市发展发挥着同等重要的作用。由于在实施过程中，各方利益的博弈、政治因素的影响和发展条件的变化都给规划的实施带来了更多不确定性和挑战。尤其在我国快速城镇化的进程中，规划编制的不负责也加剧了对规划严肃性的轻视。规划编了一轮又一轮，但未曾对上一轮规划实施中的成败做出反思，编制新规划的做法值得质疑(孙施文，2000)。

目前，我国一部分城市总体规划实施了近 15 年，2020 年是多数城市上一版规划到期的时间①。在此时间节点上，在上一阶段的快速城镇化过程中，各地人口、用地等规划目标已提前达到甚至超标，大多都面临着重新编制规划或修改规划的工作，而这一工作是以全面系统的规划实施评估为基础的。因而，各地对规划实施评估的需求和关注度在不断提升。以 2000 年至 2010 年为例，北京、上海、广州、深圳、天津、杭州、南京、长沙、武汉、重庆、克拉玛依等城市都已积极尝试开展了一系列规划实施评估的工作(见图 1-3)。2019 年我国北京、上海、重庆、长春等 10 个城市开展城市体检工作。

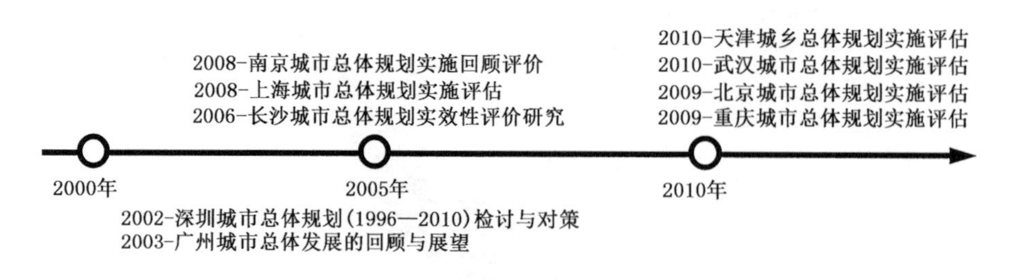

图 1-3 2000—2010 年我国各大城市规划实施评估工作开展的不完全统计

但是，由于规划评估工作开展时间较短，加之各地规划从业人员对评估未形成在价值、理论、方法、内容和深度等方面的普遍共识，评估报告的质量参差不齐。举例来说，绝大多数小城市仅是为了规划修编而做的任务性评估，且形成的评估报告会受到新一轮规

① 一般城市总体规划的时间跨度是 10—20 年，在编制规划时常常会把年限设定为整数年或是满 5 的年，例如 2002—2020 年，而不是 2002—2022 年。2005 年 10 月 28 日《城市规划编制办法》经住房和城乡建设部常务会议讨论通过，自 2006 年 4 月 1 日施行。此后很多城市在这个阶段编制了城市总体规划，这也成为我国城市规划行业蓬勃发展的起点。因而多数城市的总体规划在 2020 年到期，例如北京城市总体规划(2004—2020 年)、上海市城市总体规划(1999—2020 年)、深圳市城市总体规划(2010—2020 年)等。

划编制的价值导向，对上版规划本身的批判往往多过对规划实施本身的反思。郑德高和闫岩(2013)称此类评估为“假评估”。为引导地方开展规划实施评估实践，住房和城乡建设部曾发文要求参考并落实一套包括20余项的评估指标体系，但由于缺乏数据基础和灵活性被废止。后来虽然在《试行办法》中规定了七大方面的评估，但结果却是地方一问一答的造句式作文，并且评判无关痛痒。从地方实践角度来看，亟须建立一套科学、完善、合理的评估理论和方法体系。

相比之下，北京、上海等大城市由于聚集了受过相对成熟训练的规划从业人员，在评估工作中能够认真检讨过去发展中的问题，利用创新的技术工具，得出了较有价值的评估建议(郑德高，闫岩，2013)。值得一提的是，2016年6月北京市委第十一届十次全会审议通过了《中共北京市委北京市人民政府关于全面深化改革提升城市规划建设管理水平的意见》，其中在完善规划实施体系中对开展实施评估做出了明确规定，并提出实施评估需要与政府的运行管理和领导干部的问责考核相结合①。

然而即便如此，现阶段评估的技术方法也仅处于“相对理性”和“相对科学”的状态。由于评估结论会影响下一轮规划的编制和决策的制定，得出评估结论的过程也是一个利益博弈的过程，因而其中还受到不同利益立场的规划师、政府、个人和集体等关系的影响。解开以上实践中的困惑，为各地开展规划实施评估提供可靠的指南，是本书开展的重要缘起。

1.1.4 基于理想主义出发的规划实效探讨

理想主义是现代城市规划理论的一个重要立足点(韦亚平，赵民，2003)，举例来说，欧文、傅立叶、霍华德等乌托邦、空想社会主义和田园城市等思潮都体现了规划师对城市美好未来的憧憬。此外，理想主义不仅是在规划编制之初，也一直延续到落实阶段。理想主义观点希望规划的愿景能完美地实现，并真正如预期发挥作用。因而在规划师看来，规划本身不只是服务于用地扩张的法定要求或是城市竞争的战略工具，而是被赋予了让城市生活更美好的崇高价值。而在过去，常常因为缺乏对规划实效性做出科学可行的评估，规划被作为“替罪羊”成为被指责的对象，造成规划的严肃性被轻视(段鹏，2011；孙施文，2000)。规划实施评估的研究正是基于以上理想和现实的冲突，认为规划决策通过一系列行动计划付诸实现后，应当实现蓝图中的愿景，体现规划的实效价值(陈锋，2007)。

规划实施评估是基于规划能影响城市发展的基本假设，其实就是对规划实效性的评价。Faludi(2000)指出能被评估的政策才是政策，能被评估的规划才是规划，即如果

---

① 该意见颁布于2016年6月，其中第二部分“强化依法科学高效的规划管控体系”的第五条提出“健全责权统一的规划实施体系”：市、区两级政府每年向同级人民代表大会常务委员会报告城乡规划实施情况。定期开展第三方评估，将规划实施纳入对区政府的绩效考核和领导干部的责任审计。建立市级城乡规划督察员制度，完善全市统一的规划监管信息平台，严格城乡规划公开公示制度，强化对规划的全过程信息化监管，促进行政机关和有关主体主动接受社会监督。

在规划实施后，无法判断规划实施或不实施是否带来了不同的影响，那在之前便没有规划编制或实施的必要。因而基于规划产生实效作用的假设，国内学者开始对规划实效性展开思考，并开拓了我国的理论研究方向。张兵(1998)在其博士论文中探讨了采用城市规划实践分析的研究方法，从动力主体分析和主体互动的方向，分析了规划是如何在城市发展中发挥动力作用的，并揭示规划发挥有效作用的意义与条件。孙施文(2000)对张兵的大部分观点表示赞同，并补充认为规划的实效作用与制度相关，对规划实效性的评判也涉及对制度本身的评判。张庭伟(2009)从规划的实效评价、技术评价和价值评价三方面解读了规划实效评估。杨保军、于涛、王富海等(2011)认为当前规划体系不协调、规划角色被权威化、规划技术理想化等原因制约了规划发挥应有的作用，产生了“规划浪费”。

上述针对规划实效性展开的理论探讨为规划实施评估的理论研究奠定了良好的基础。另一方面，规划实施评估的研究和评估工作的开展，将有助于对规划的价值形成更客观中肯的理解，也有助于规划师们更“接地气”地认清现实。从编制规划的规划师的角度来看，当然希望规划实施的效果经评估和判定得到最大限度的实现。换言之，如预期目标得以实现，这也将是自身专业能力、价值实现和事业成就的表征。而在论文研究过程中通过开展田野调查和实践参与，常常遇到同龄一代，尤其是刚从校园走向实践一线的年轻规划师，遇到规划的责任和理想与现实脱节的情况，譬如诉诸规划最大的敌人是社会中的“权力”(张兵，1998)。然而事实上，也正是这些规划师预设了不可能的前提假设，即在规划编制之初认为为了规划理想的实现，政府、公众、开发商可以提供无限的资源，包括无限的资金(尹稚，2010)，这是不现实的。从这个角度看，开展客观且及时的规划实施评估，不仅能及时反馈规划落实的情况，引导和督促规划实施的有效性，而且有助于反思规划目标本身的科学性和合理性，思考在城市变化的新背景下的新内涵，进一步认识当下和未来城市发展中的问题(Faludi, 2000)。

1.2 研究内容

1.2.1 研究对象：规划实施评估的概念辨析

源于宏观背景的导向、政策法规的要求、地方实践的困惑和规划理论的探讨四方面的研究背景，笔者引出并强调了研究规划实施评估的必要性。笔者将研究对象确定为城市规划实施评估，通过文献和实践发现，城市规划实施评估在理论和实践界越来越受到关注，“规划评估”“规划实施评估”“规划实施评价”等词也频繁地被使用或提及，也出现了概念含糊的现象，因而有必要首先对相关概念进行界定。

(1) 评价和评估

“评价”字典释义为衡量评定人或事物的价值，隐含了可计量的特性。“评估”除了包含“评价”价值的结论性判断外，还含有“估量”的涵义。估量指的是估计，即依照现有条件或其他考察依据，对未来事物的性质、数量、变化等做大概的推断。也就是说，“评估”较“评价”而言更多一层前瞻性预测趋势的概念。

相对应地，在英文中也有“appraisal”“assessment”“evaluation”等相近词汇。其中，“appraisal”指在政策或规划方案实施前的预估，或当有多种可能性方案时，辅助做出决策的选择。“assessment”一般指可测算、可量化的评价，偏技术性。“judgment”指评判对与错，含价值判断，例如张庭伟(2009)发表的 *On Plan Evaluation: Technical Assessment, Implementation Review, and Value Judgment*。“review”指回顾反思，对结果并没有明确要求评出孰优孰劣。“evaluation”的涵义较广，涉及价值观的评判，多指在建立一定的指标体系后，按相关指标搜集数据评定结果，其开展的时间阶段很多样，包括规划前(Ex-ante)、规划实施过程中(Interim)和规划后(Ex-post)(Lichfield, Barbanente and Borri, et al., 1998)，因而除了对现状评价以外，也含对未来的预判，最接近中文“评估”的涵义。

(2) 规划实施评估和规划评估

规划实施评估的评估对象是规划的实施结果，而非编制形成的规划本身。评估时间一般是在规划被批复具有法律效应并展开实施后，属于后评估，而不是在规划实施前为选政策决定的预估。因而城市规划实施评估的本质目的，不在于否定规划本身，而是希望通过对规划实施过程阶段性成果的考察，监测城市发展的轨迹，保证对变化的发展条件和城市发展的状态有清晰的认识。

规划评估指对规划文本和规划编制的技术评价，可以分为前评估和后评估两类。规划评估的前评估(Appraisal)是指在规划方案确定前的多方案比较，通过预估可能形成的结果，选择适合城市发展的最优方案；规划评估的后评估是在规划实施后，通过实践检验，评估规划方案是否科学地引导了城市发展。

从城市规划领域的评估开展的历程来看，在 20 世纪 90 年代之前，规划实施前的对规划方案的前评估较为盛行，尤其是在英国(Lichfield, Barbanente and Borri, et al., 1998)。然而，近几年随着规划编制水平科学性和客观性的提升，理论和实践界越来越多地关注规划后评估：在相对较高程度地认可规划本身的科学性的假设下，更多地关注规划实施的结果是否符合规划目标，也更多地关注城市发展进程中不可避免的不确定因素，而非仅仅追究原规划编制质量的问题。

(3) 规划实施结果的评估、规划实施过程中的评估和规划实施过程评估

规划实施结果的评估是指在规划实施了一段时间后，定期搜集表征实施结果的数据，从人口、用地、经济、公共服务等方面评价规划实施的结果。规划实施过程中的评估属于规划实施结果评估的范畴，指定期或持续地监测并评估阶段性实施成效，并对发展变化的城市环境有实时的认识。规划实施过程评估，关注规划实施本身，该过程与政府、公民、社会团体等利益相关者都有关，包括实施机制、配套政策法规、实施负责主体、各部门行政关系、财政投入—产出计算等(邹兵，2008)。以北京绿带规划实施评估为例，北京就实施过程中的拆迁政策、产业用地与劳动力安置、产业模式、绿地实施模式、资金平衡等展开评估。规划实施过程评估的目的是为了提升对实施严肃性的认识，孙施文、周宇

(2003)认为过程评价通过结果的比较是不够的，开展过程评估需要公共政治学、公共管理学等多学科的综合研究。

(4) 城市总体规划实施评估和规划实施评估

城市总体规划实施评估是规划实施评估范畴中的特定类型，是针对城市层面的总体规划开展的实施评估。广义的规划实施评估可包括土地利用规划评估、专项规划评估、控制性详细规划(以下简称“控规”)评估等。然而，在总体规划的实施评估工作中，离不开专项规划和控规动态维护的数据作为支撑。没有具体的数据，针对总规条文开展的评估过于笼统，或易受主观意志干扰。例如，北京在开展2014年北京城市总体规划修改工作前，开展了对总体规划的评估工作，该评估依赖了十余个专项和分区域的评估结论和控规动态维护提供的用地、人口等数据的支撑①。

因而城市总体规划实施评估依赖其他规划的实施评估作为依据，仅关注总体规划本身评估实施结果，是没有意义也是不可靠的。从实施的角度看，城市总体规划的评估依赖专项、控规的支持、协同和衔接，因而通过总体规划层面的评估也发挥了梳理多类规划间的协调和衔接关系的作用。

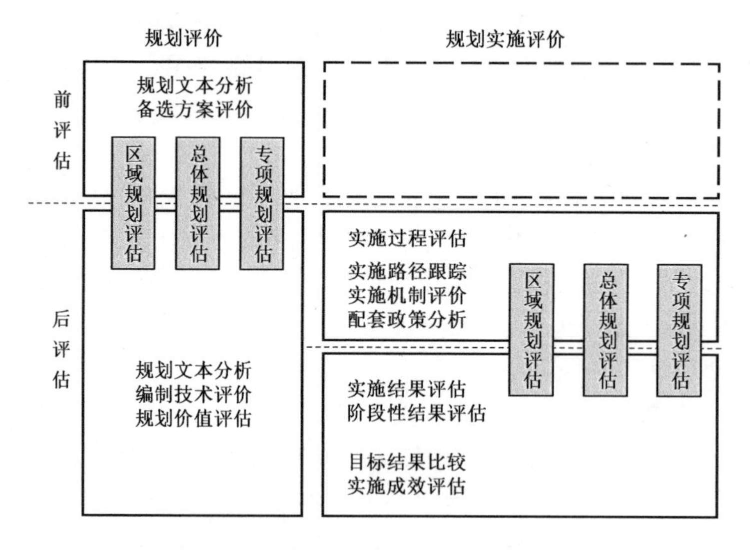

图 1-4 城市规划评估相关概念的分析图

根据以上四组概念的辨析，笔者绘制了如图1-4所示的集合图，进一步解释相关概念的区别及其关系。最终得出本书研究对象为城市规划实施评估，具体定义为：持续或定期地对城市规划实施的阶段性或最终结果和城市发展的环境进行监测，从经济、人口、

① 根据笔者在北京城市规划设计研究院的实习经历，北京2013年开展了第一轮北京城市总体规划实施评估，2014年开展了北京城市总体规划修改专项课题共10大类30个小类，其中包含了7个第二轮规划实施评估的专项，包括“公共服务设施规划实施评估及对策建议”“住房建设规划实施评估及对策建议”“中心城规划实施评估及优化调整对策”“边缘集团规划实施评估及规划优化对策”“新城发展规划实施评估及分析报告”“小城镇和村庄规划实施评估及对策建议”“第一道绿化隔离地区规划实施评估及对策建议”等。

用地、公共服务等方面比较现阶段取得的实施效果和初始发展阶段、规划目标之间的优劣，分析结果产生的原因，以便及时发现当前发展问题并掌握未来变化趋势，最终起到调整实施机制和优化规划策略的作用。

1.2.2 相关研究的综述

本节综述主要围绕三个方面展开：①在规划实施评估领域国内外已开展的研究视角和研究趋势；②在研究中已形成的共识和争议；③现有研究中的不足和未来有必要继续推进的研究方向等。

笔者认为成熟的专题研究需要学者经历较长期的阅读沉淀和实证检验的积累，因而通过追溯几个关键人物的研究演进和互相关联的方法展开对已有研究的综述。笔者通过谷歌学术检索“规划实施(Plan Implementation)”和“评估(Evaluation)”，通过筛选引用率较高的文献，锁定了几位在规划实施评估领域取得关键性成果的国外学者(见表 1-1)和几篇具有里程碑意义的学术成果(详见附录 A)。自 20 世纪 60 年代以来，以英国规划学者利奇菲尔德(Nathaniel Lichfield)为先驱，已经对规划实施评估展开了 30 多年的持续研究，研究重点集中在技术方法、规划研究和价值讨论等问题。

表 1-1 国外规划实施评估研究领域代表性学者统计表

<table>
<tr><th>作者</th><th>研究时间</th><th>所在研究机构</th><th>国家</th><th>主要贡献</th></tr>
<tr><td>Nathaniel Lichfield</td><td>1964—1998</td><td>伦敦大学学院</td><td>英国</td><td>技术方法</td></tr>
<tr><td>Ernest R. Alexander</td><td>1983—2006</td><td>威斯康星大学</td><td>美国</td><td rowspan="3">理论研究
规划研究
方法框架</td></tr>
<tr><td>Andreas Faludi</td><td>1959—1998</td><td>代尔夫特理工大学</td><td>荷兰</td></tr>
<tr><td>Abdul Khakee</td><td>1994—2012</td><td>苏黎世理工大学</td><td>瑞士</td></tr>
<tr><td>Emily Talen</td><td>1995—2015</td><td>亚利桑那州立大学</td><td>美国</td><td>社会效益</td></tr>
<tr><td>Philip Berke</td><td>1983—2009</td><td>北卡罗来纳大学、德克萨斯 A&M 大学</td><td>美国</td><td rowspan="3">环境效益
评估等</td></tr>
<tr><td>Samuel D. Brody</td><td>2005</td><td>德克萨斯 A&M 大学</td><td>美国</td></tr>
<tr><td>Lucie Laurian</td><td>2004—2010</td><td>爱荷华大学</td><td>美国</td></tr>
<tr><td>Vitor Oliveira & Paulo Pinhoa</td><td>2009—2013</td><td>波尔图大学</td><td>葡萄牙</td><td>理论研究</td></tr>
</table>

资料来源：详见附录 A。

利奇菲尔德主要在评估的技术方法和确立测度指标上作出了重要贡献，推动了成本-收益分析方法①(Cost Benefit Analysis)在规划实施评估领域的应用(Lichfield,

① 成本-收益分析方法(Cost Benefit Analysis, CBA)最早是 1848 年由工程师 Dupuis 提出，用于计算分析不同工程项目的成本和效益，后由规划师 Lichfield 应用于比较评估不同规划方案的成本和收益，在第 2 章中会有更详细阐释。

1964)。20 世纪 80 年代，美国学者 Ernest R. Alexander 和荷兰学者 Andreas Faludi 主要就"什么是成功的规划和规划实施、为什么做评估、评估的意义和价值、评估和规划的关系"等问题在评估的理论认知层面开展规划研究(Alexander and Faludi，1989；Faludi，1980)。20 世纪末至 21 世纪初，随着对规划评估的必要性和意义达成共识，第三批学者开始了对评估内容(评估什么)、评估价值标准(如何评判优劣)、评估主体(由谁来评)、评估的技术方法等方法和准则层面的探讨。美国亚利桑那州立大学的 Emily Talen 和德克萨斯 A&M 大学的 Philip Berke 的研究具有代表性，他们分别从公共利益和环境利益的视角对规划实施结果展开评估(Berke，1994；Talen，1996a)。此外英国伦敦大学学院的研究扩充了评估内容和标准的范围，包括评价规划服务的经济效率和公平性、规划实施机构的运行机制等方面的内容(Carmona and Sieh，2004)。

在国内文献数据库(CNKI)检索"规划实施评估/评价"①并去除其中讨论"土地利用总体规划评估"的内容。检索结果表明，由于《城乡规划法》(2008)对评估的法定要求，因而以此为节点，国内相关研究成果显著增加，直至 2013 年达到近年内最高值近 70 篇(见图 1-5)。

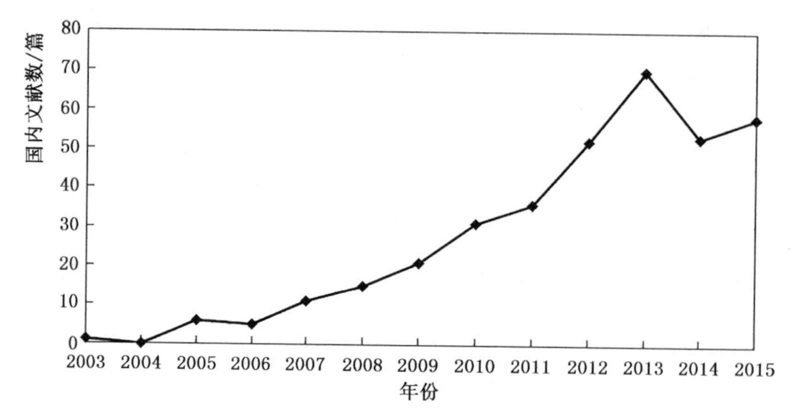

图 1-5 2003—2015 年国内相关研究文献数量

资料来源：根据数据库文献数绘制

其中孙施文(2015)、袁也(2014)、宋彦(2012)、周国艳(2013b)为代表的学者及其带领的研究团队，在该领域开展了系统性和延续性的研究。而其他学者的研究多源于参与各城市各类规划的评估实践，阐释对实践探索形成的方法及其背后相应的理论思考，例如，从基础设施、交通规划，到土地利用、绿地规划的评估，到小城镇规划、城市设计、控规和城市总体规划的评估(冯经明，2013；王伊倜，李云帆，2013；赵民，汪军，刘锋，2013；邹兵，2003)。

在评估理论方面的研究，国内学者主要采用对国外理论综述的方法，秉承"拿来主义"的思路，希望吸取经验和教训，为我国尚刚刚起步的评估工作提供启示和借鉴。其中

---

① 说明：数据库检索中将"规划实施评估/评价"作为检索词，进行主题词检索，包括了对题目、摘要、文章关键词、扩展主题词的检索(万跃华，2006)。另外，与关键词检索不同的是，通过词表进行规范化处理后，能概括表达文献内容中的同义词、近义词、相关词等。

就美国地区而言，宋彦、陈燕萍（2012）等以波特兰为例，研究了北美城市的规划评估实践；刘刚、王兰（2009）以芝加哥大都市区为例阐释了协作式规划评价指标的优劣；郭亮（2009）以美国城市的宜居性评价指标体系为例，介绍了国际相关理论的形成及其实践经验，为国内规划从业者开拓工作思路。此外，在欧洲地区，周国艳（2013a）梳理了西方城市规划有效性评价相关理论范式和四代评价方法的演进历程，并将欧洲理论家近年来前沿性的代表性研究进行翻译；代尔夫特理工大学的贺璟寰（2014）梳理了以荷兰学者法鲁迪为代表的城市规划实施评估的理论研究。另外，苏立娟等（2014）还整理了新西兰林业规划实施评估理论和方法。此研究领域中相关的学位论文（段鹏，2011；费潇，2006；郭亮，2009；贺伟，2014；刘建邦，2013）也对国外规划实施评估研究做出了综述，但仅是以国外研究的阐释或介绍为主。单纯的理论综述对改进实践方法的借鉴意义也不够充分。

综合国内外相关研究进展，目前已有研究主要形成了以下四个方面的成果（见图 1-6）：第一，借鉴相关学科的理论和方法，从公共政策学、经济学等领域借鉴方法和认识，对开展规划评估产生了一定影响（Fischer，1995；Vedung，2010；邓恩，2011；梁鹤年，2004）。第二，不断加深对评估概念、意义和价值等的理论认知，为开展评估方法的研究奠定了良好的基础（Carmona and Sieh，2004；Faludi，2000；Lichfield，Barbanente and Borri，et al.，1998；孙施文，周宇，2003；张兵，1998）。第三，形成了不同价值导向下的多样化的评估技术方法，并积累了近年来的评估实践，通过案例研究也反映出了已有方法的优劣，为推动方法的进步积累了经验（Alexander and Faludi，1989；Lichfield，Barba-

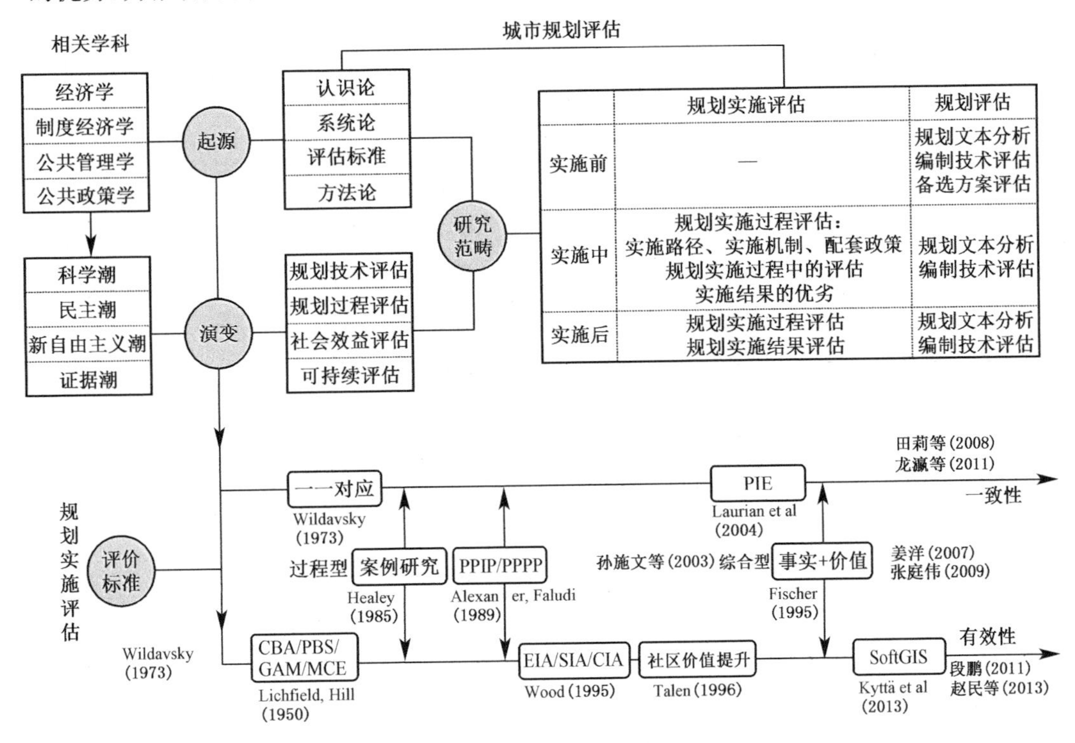

图 1-6　相关研究进展图示

nente and Borri, et al., 1998; Talen and Shah, 2007; Voogd, 1982;邓宇,袁媛,2013;田莉,吕传廷,沈体雁,2008)。第四,研究了规划实施评估对城市发展和规划体系改革带来的影响和积极意义(Faludi, 2000;孙施文,周宇,2003;赵民,2000;周国艳,2013a)。

针对规划实施评估方法的研究,已有研究主要从三个视角开展(见表1-2)。

第一是客体研究的视角,即针对某一特定城市总体规划或专项规划的实施评估,通过研究城市发展特征、总体或专项规划的内容、实施历程和机制等依次展开,目前我国大部分评估研究是从这一视角出发的,能为后续的研究提供实证分析以及检验的基础。回答如何评估某一特定专项(例如土地利用、交通等基础设施、教育或医疗等公共服务设施)的规划实施结果,需要首先分析该专项的规划要求、现状特征和专项本身在城市中的特殊性,针对不同的专项特征采取相应的评估方法。

表1-2 开展规划实施评估的研究视角总结

研究视角	具体研究内容	代表性文献
客体研究	针对某一特定城市研究其总体规划或专项规划的实施评估	Berke, et al., 2006; Talen, 1997;杨君然,2014;郑童,吕斌,张纯,2011;邹兵,2003等
标准研究	研究什么是好的规划实施,好的实施结果	Alexander, 2002; Alexander and Faludi, 1989; Carmona and Sieh, 2004;刘建邦,2013;石崧,沈璐,2013等
方法研究	系统研究评估方法及其关系	Lichfield, et al., 1998;孙施文,2015;周国艳,2012等

第二是标准研究的视角,回答什么是好的规划实施,也就是规划实施成功的标准是什么的问题,具体讨论不同城市、不同对象的评价指标体系,或是借鉴经济学、政治学或社会学的理论形成价值判断。例如,公共经济学中推崇用经济学模型分析整体经济利益最大化的方案,公共政策学中提倡政府角色的公共性,追求制度和执行过程的公平、正义。而规划作为一项公共政策,政策实施成功与否的标准,其实是考量规划实施后,所产生的效用能否解决不同利益相关者之间分配恰当的问题(李奎,2009)。因而以经济学、政治学等价值理论为基石,开展标准研究是规划实施评估研究的关键方向之一。

第三是方法研究的视角,即通过方法的探讨,得出不同方法的适用性,这一类研究相对较少,因而也造成了在实践中缺少系统方法的问题。本书的研究主要以方法研究为视角,回答在规划实施评估中采用哪几类方法、在不同情形下采取什么方法、由哪些要素影响了方法的选择、在方法选择的逻辑链中不同要素在不同层面以何种逻辑秩序来决定方法的选择等问题,为后续的研究者提供分析框架,以下会详细阐述。

然而,已有研究中尚存在一些不足,或有待表述清楚的问题。

(1) 欠缺方法论层面的探讨。现有研究中多数阐释了评估技术方法的直接运用案例,包括制定指标体系、量化打分、层次分析法、大数据可视化等方法,但方法论层面的讨论(包括适用性、方法的选择、方法框架等)很有限。很多研究一般会在开展规划实施评估实践之前,先开展一定的理论综述,但往往前面的理论基础和评估方法的结合不够,评估案例中的方法往往如"空中楼阁",方法欠缺更科学推演和对方法适用性的讨论,难以有推广性且理论性的反思不足。

(2) 概念滥用,落入“评估”等于“现状研究”的误区。很多研究工作打着“评估”的幌子,实际工作性质只是搜集整理了现状数据,对现状事实情况做出了数据性的分析或者可视化的呈现。评估工作流于表面,对规划研究不深入。而科学研究意义上,规划研究范畴的评估与一般意义的价值计算和对某一专项的评估不同。

(3) 评估研究的理论基础较弱,导致欠缺对评估复杂性的坦诚认识,评估的作用被夸大。很多研究企图通过评估来反映城市发展中所有问题,即所谓的“有限公司无限责任”的问题。规划对城市发展的作用过程很复杂,该过程会受到其他相关政策或事件的影响,并且规划发生作用也可能存在滞后性,并不是此时的数据足以证明的。因而试图通过“大而全”的指标体系评价规划的作用,往往混淆了各方面的价值判断,只能得到笼统的结论。

(4) 缺乏针对我国实践的研究。国外相关研究的综述虽有所涉及,但多以零散的梳理为主,缺乏对方法形成和选择的原因解析以及对于城市规划和评估体系的系统梳理,同时也缺乏根据我国现阶段实践而开展的研究,未形成城市规划实施评估的理论。

基于已有的研究成果和不足,本书认为,规划实施评估实践不再需要“空中楼阁”式的方法,评估理论需要更进一步地梳理和建立联系,因而有必要对如何选择规划实施评估方法开展系统的讨论,从而实现在以下三个方面的推进:

第一,加强对规划实施评估方法的系统探讨。Fischer(1995)提出政策分析没有发挥显著作用的原因之一是方法论问题。本书着重从方法研究的视角,建立评估方法的设计和城市发展阶段、城市规划体系、规划实施特征、评估目的等之间的关系,讨论评估开展的关键性要素(评估的主客体、价值标准、参照对象等),比较方法的适用性、方法的选择等。

第二,归纳分析国内外的规划实施评估实践。基于“城市规划实践的分析理论”(张兵,1998),重点展开对中国和英国规划实施评估实践的研究。剖析城市规划领域评估的障碍、不同情景下开展评估所需包含的内容,评估不同阶段的任务和相对应的难点,从而为规划实施评估作出一定的理论贡献。

第三,立足规划实施范畴内的评估研究。讨论评估学、公共政策评估、教育评估等领域的研究成果,将其作为评估研究的理论基础,同时在城市规划实施范畴内,回归城市规划作为空间资源分配的本质特征(邹德慈,2006)。立足规划实施的特征,重视空间化的规划实施评估方法研究,关注评估结论对空间政策的反馈,以及评估方法对城市规划体系的意义。

1.2.3 研究问题的提出

本书研究对象为城市规划实施评估,属于后评估的范畴。另外,本书并不特指对城市总体规划的评估,笔者通过参与实践,认识到总体规划实施评估离不开专项规划和控规动态维护的数据作为支撑,否则结论笼统、依据少。研究对象“城市规划实施评估”的具体定义如前文所述:持续或定期地对城市规划实施的阶段性或最终结果和城市发展的环境进行监测,比较现阶段取得的实施效果和初始发展阶段、规划目标之间的优劣,分析结果产生的原因,以及时发现当前发展问题并掌握未来变化趋势,起到调整实施机制和优化规划策略的作用(徐瑾,2015c)。

其次,考虑到多方因素对规划实施的复杂影响,有必要以在城市规划范畴为核心讨论边界,尤其是针对空间资源政策的实施评估。规划实施评估的核心边界不仅是学科研究的范畴,更在于规划部门的权力边界。规划以空间资源的组织和分配为主要手段(尹稚,2010),虽然城市总体规划涉及社会经济等发展目标,但并不等于需要全面评估分析,应回归可行职能范围,以物质空间形态为主(谭纵波,2004)。因而,本书讨论规划实施评估方法时重点关注与城市规划、物质空间相关的评估要素。

以上明确了研究的对象、边界、重点和研究视角,那么在此基础上,笔者希望通过研究解答如下问题:如何评估城市规划实施的优劣?也就是评估城市规划实施的方法是什么?本书的核心是方法研究(与客体研究、标准研究相对),具体分解的研究问题如下。

第一,是否存在一个最优的"放之四海而皆准"的标准化技术方法?作为一个针对方法的研究,首先需要解决的问题是,最终研究的成果是否是存在一个最优的标准化评估方法。如果存在,那么研究的过程需要通过归纳演绎得出该最优方法;如果不存在唯一方法,那么需要开展方法论①研究,比较不同方法的优劣和适用性,以及什么情况下应该选择什么方法,或者说是哪些要素影响了评估方法的选择,研究选择规划实施评估方法的原理和准则。

第二,假设不存在固定或惯用的标准化方法(后文通过研究证实),那么面对特定评估案例,如何选择或设计具体的评估方法?评估方法的选择与哪些因素相关?

(1) 评估的目的:开展评估为了达到哪些目的?为实现不同的目的需要完成哪些具体的评估内容?

(2) 评估参照对象:规划目标还是原始状态?规划实施结果是否符合规划目标的要求(一致)?规划实施结果比初始时是否有改善提升(有效)?

(3) 价值判断的标准:以哪类价值判断为评估优劣的主要标准?是经济效益、社会效益,还是环境效益、生态效益?

(4) 评估的参与主体:由谁来最终评估优劣?是客观存在,还是主观意志?是专家政治,还是公众参与?

(5) 评估结论的反馈主体:最终结论对谁负责?是政府,是发改委,是国土、规划管理部门,是交通部门,是教育部门,还是卫生部门?

(6) 评估的客体、数据的基础等等。

第三,更进一步说,上述评估要素如何影响评估方法的设计和选择?是否存在各要

---

① 这里方法论的探讨指的是为了回答"怎么做"的问题,对一系列方法开展比较、分析、归纳的研究,最终得出解决问题的方法选择体系,包括理论解读、方法准则、具体指南等。

素和方法之间的方法论模型 Evaluation $= F(a, b, c, d, e, \cdots)$ [①],从而可以构建出城市规划实施评估的方法范式[②](理论—准则—方法—应用)?具体通过研究已开展的规划实施评估案例来构建方法范式。

(1) 中国典型城市的探索 E-PRC $= F(a, b, c, d, \cdots)$:主要以北京、上海等地为代表。

(2) 英国典型城市的比较 E-UK $= F(a, b, c, d, \cdots)$:主要以伦敦、伯明翰等城市为代表。

第四,是否可以验证方法论模型在评估实例中的应用?本书以公共空间评估为对象,应用方法论模型,推演公共空间规划实施评估方法的形成,比较原有评估方案,验证是否能得出科学可行的评估方案。

1.3 研究意义

1.3.1 拓展规划实施评估的理论视角

本书的重要意义之一是推进了理论层面对规划实施评估的研究,尤其是基于我国本土的理论研究。通过分析不同阶段、不同城市、不同评估背景下规划实施评估的内在逻辑、关键要素和采取的方法,在理论层面构建了合理严密的推演逻辑,以及适合我国本土、科学可靠的规划实施评估方法范式。

由于规划实施评估中涉及不同利益相关者价值观的博弈,评估结论的客观性和科学性常常被质疑(韩高峰,王涛,谭纵波,2013)。在有明显价值倾向的博弈中,评估结论难以把控,往往由在博弈中胜出的一方主导,例如长官意志等的影响;而在博弈充分且相对均衡的城市格局中,客观性往往由评估方法的科学性、评估人员的专业度和职业性决定。2003 年,孙施文、周宇(2003)第一次明确独立地展开对城市规划实施评价的理论与方法研究。虽然外该领域的研究已在国内取得一些进展,阐明了评估的系统性和综合性等要

---

① 方法论模型 Evaluation $= F(a, b, c, d, e, \cdots)$ 中,Evaluation 代表规划实施评估的方法,a, b, c, d, e 等代表影响方法选择和设计的评估要素,例如评估主客体、目的、参照对象、价值判断标准等,F 代表映射关系。该模型认为,在特定的评估要素给定的条件下,可以根据评估要素对方法选择的影响及相应的映射关系,最终得出最适合的评估方法。本研究最重要的目的也就是探索二者间的映射关系。后文中 E-PRC(People's Republic of China)代表中国城市采用的规划实施评估方法,E-UK(United Kingdom)则代表英国城市规划实施评估的方法。

② 范式(Paradigm),最早由美国科学哲学家 Thomas S. Kuhn 提出,指的是一般科学问题的理论解答和实践规范,包括假说、理论、准则以及技术方法等的综合。范式为该类问题形成研究传统奠定了基础,同时也提供了理解认识并解决问题的基本途径。本书中"规划实施评估的方法范式"指的是包括理论、准则、方法和应用的针对开展评估的方法体系和工作指南。

求，揭示了评估工作的复杂性，解析了评估与规划在工作机制层面的关系等。但尚待解释的问题仍然很多，尤其评估的核心问题"评估方法确立的内在逻辑和价值标准"缺乏明确、系统的理论解答。

规划实施评估的理论范式的构建给认识论和方法论两个层面带来增益。在认识论层面，有助于对规划实施评估和规划本身的实效性、地位和价值形成基本的专业和社会共识，更好地引导参与评估的规划师的理性判断，并提升规划师的专业水平。在方法论层面，为规划实施评估方法的确立奠定了系统的理论基础，避免出现评估方法"空中楼阁"的问题。因而评估的理论研究和科学基础的意义尤为重要。

1.3.2 提供规划实施评估的方法引导

本书将为我国规划实施评估实践提供可行、可信的方法指南，有助于开展更科学有效的评估实践。研究基于实践，面向实践，立足我国本土已开展的规划实施评估实践，通过梳理实践中已有的问题，为实践提供切实可行的技术方法指导，既在操作层面有助于提升评估的客观性、科学性，也有助于推动城市规划领域决策和监督机制的公共化、民主化。

规划实施评估，通俗地说是对规划编制和实施中的经验教训进行反思，寻找原因，并及时调整对策。我国从 2008 年出台《城乡规划法》正式确立规划实施评估的法定地位，但我国现阶段的规划实施评估体系尚不成熟，缺少制度化、程序化的明确要求。因而，本书的重要意义是提升我国各地对开展规划实施评估必要性的共识，引导我国城市规划实施评估形成逐步明晰的方法体系、科学可行的操作方法、高效有序的工作流程。

1.3.3 促进城市规划体系的良性转型

规划实施评估的研究对城市规划体系的转型将发挥积极价值。评估的价值已不仅仅是提供技术手段，更是为了保障规划实施的严肃性。通过对规划实施成效和城市发展状况的监测评价，增强对城市问题实时的认知，既能够起到监控规划实施质量的作用，又能够通过评估结果的反馈为规划和政策的调整提供依据，建立起健康的动态反馈机制。我国大部分城市都将面临着新一轮总体规划编制的时机，根据我国的法定要求，增加实施评估的环节，相当于在规划体系中增加了动态反馈的环节。因而研究实施评估方法，将对实现城市的精细化管理发挥积极作用。

从学界到实践界都达成了实施评估是规划体系中不可或缺的环节这一共识。规划理论家 Vickers(2013)和 Hill(1968)都指出规划师的工作不仅限于规划愿景的设定，同时也包括规划实施后的评估。唐凯(2011)认为建立规划评估制度，也是完善城市规划的基本要求。郑德高、闫岩(2013)提出增加规划实施评估的反馈，才能使城市规划具备公共政策的内涵和本质。规划实施评估促使城市规划由蓝图式向更重实施过程、更重及时反馈转变，从而提升实施的严肃性和规划的科学性。

1.4 研究思路

1.4.1 研究方法

笔者针对 1.2.3 中拟解决的四个研究问题分别提出相应适宜的研究方法。

研究问题一:是否存在最优的标准化规划实施评估方法?

文献分析方法。通过文献检索,系统梳理已有的规划实施评估方法,包括其原理、应用方法、数据基础、应用案例以及发展演变历程等。

比较研究方法。针对不同的评估方法开展比较研究,分析方法的优劣和适用性,回答是否存在最优方法的问题。

研究问题二:假设不存在固定或惯用的标准化方法,那么在特定的评估案例中,评估方法的选择与哪些要素相关?

文献分析方法。主要运用内容分析法①,重点分析不同评估方法的关键要素。参考内容分析法的一般步骤:①检索评估方法的相关文献;②确定归类要素,根据评估客体、评估主体、评估价值判断标准等要素,整理归类文献内容,这也是一个对文献内容编码和统计的过程;③解释分析结果,对编码统计结果做出比较分析(邱均平,邹菲,2004)。

研究问题三:关键要素如何影响评估方法的设计和选择?是否存在各要素和方法之间的方法论模型?

案例研究方法。一方面搜集我国 18 个省 70 余份评估报告案例,另一方面通过实地观察、问卷、访谈、会议记录等调查方法系统深入研究×市的评估实践。在英国,选取了 8 个城市,包括伦敦、剑桥、伯明翰等地,并对城市所在规划部门的负责人展开访谈。运用基于扎根理论的质性分析方法(见图 1-7),整理信息,把握城市发展阶段和规划实施评估开展情况;同时对评估报告运用内容分析法展开分析。参考张兵(1998)提出的城市规划实践的分析理论,形成基于广泛评估实践的分析。

分析过程中主要运用扎根理论(Grounded Theory)的方法(Glaser, 1967),运用自下而上的途径从数据中筛选整理、演绎生成理论,方法包括基础数据搜集、数据归类、重建联系和理论提炼等四个部分,主要适用于形成理论的研究,用于对访谈记录、评估报告等的比较、辨析,最终从文本信息中抽象出概念、范畴,并在此基础上高效准确地

① 内容分析法是对文献所包含的信息进行系统化分析的方法,常运用于传播学、社会学、医学、心理学、语言学等学科。具体有通过挖掘内容开展解读的定性方法,或通过分类编码统计词频的定量方法等。

构建理论(孙晓娥,2011)。图 1-7 是笔者依据“开放性译码、轴向性译码、选择性译码”(Strauss and Corbin, 1990)的扎根方法研究过程的理论而绘制的分析资料的具体方法和步骤。

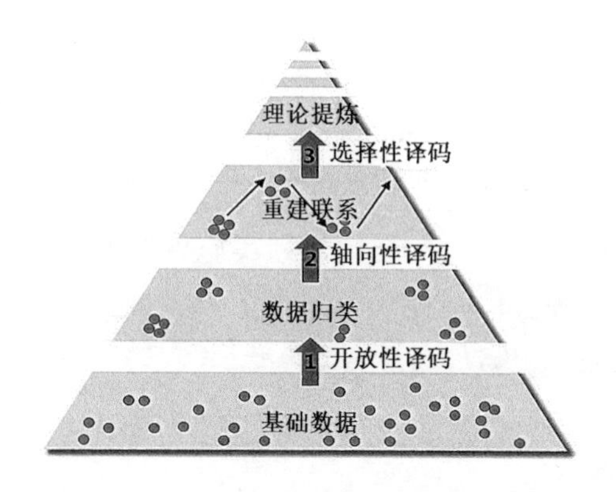

图 1-7 扎根理论分析方法步骤示意图

所谓编码(Coding)是指通过不断比较不同事件与概念,逐渐形成对不同范畴的划分、对特征的清晰化以及对数据资料的概念化过程(Glaser, 1992)。开放性编码是不断提出问题、不断比较,从而找到基本问题的过程。在开放式编码阶段,研究者要详细阅读资料中的所有词句、段落、图片等(可以按段落编码,也可以按句子、句群来编码),不遗漏任何重要的信息,且头脑中不能有任何预先形成的概念,最大可能贴近原始数据,从其中“自然而然”地提炼可能的类型、概念与标识,并逐项命名。

轴心式编码的主要任务是发现和建立概念类属之间的各种联系,以表现资料中各个部分之间的有机联系,这些关联可以包括因果关系、时间先后关系、语义关系、情景关系、相似关系、差异关系等等。且要求在这些类属与关系之中区分出主要的类属,围绕这个“轴心”,分类、综合、组织大量的数据,以新的方式重新排列它们。可见在第二层次的轴心确定之后,概念与类属之间的关系将更为明确,核心与重要的概念也会浮现出来,为扎根理论方法建构理论提供了一个框架(Strauss and Corbin, 1990)。

选择性编码是根据研究者的判断,对与中心基本问题发生重要而紧凑的关联的变量进行的编码过程。在开放性过程中确定了基本问题,从而在选择性过程中围绕基本问题进一步开展数据搜集和编码过程(Glaser, 1978)。

研究过程中,首先通过大量搜集评估报告、在各地开展访谈(访谈后将录音逐一转录为文字,采用质性研究分析软件 Nvivo 7 整理资料,访谈简录见附录 B)和在某几个城市集中参与评估实践等形式,搜集数据(第一步基础数据)。其次对数据进行编码处理,运用词频分析等方式,提取一些关键词语,并根据相似性归类,通过上述工作的层层推进,最终编码形成多组与评估方法相关的概念。根据概念之间的联系,分类形成评估目的、评估对象、评估判断标准、评估参照对象、评估参与者等多组评估要素,同时也形成多种评估方法集合(第二步数据归类)。之后,深入对我国和英国的案例开展分析,建立不同评估方法和不同评估要素之间的关联(第三步重建联系)。最后,通过理论提炼,最终得出不同评估要素如何以不同的逻辑秩序影响方法的选择,形成方法选择的逻辑链(第四步理论提炼)。

具体的调研和所获得的数据形式包含:①参与当地规划编制单位和管理单位的规划实施评估研究课题;②问卷调查和半开放式深度访谈负责规划实施评估的规划师(北京市城市规划设计研究院负责人、中国城市规划设计研究院上海分院规划师、上海城市规划设计研究院规划师等),调查实际工作中评估的操作方法、开展年限、数据需求、核心难度等,及时交流最新研究成果,以加强理论和实践的关联度和结论的客观性、可行性;③旁听规划院评估课题内部/对外研讨会,了解各方利益相关者对规划实施结果的意见反馈。

比较研究方法。选择英国作为比较对象的原因有:第一,两个国家的总体规划实施评估都具有法定要求,英国每年制定年度监测报告定期开展规划回顾(Review),中国2009年《试行办法》要求原则上两年一次,并且在规划修编前要求开展较系统全面的评估工作。2021年《国土空间规划城市体检评估规程》中规定"一年一体检、五年一评估",和英国体系较为类似。第二,两国的规划体系上有一定的相似性,英国政府和规划管理部门拥有较大的行政裁量权,负责组织评审会,讨论开发商土地开发的提案(徐瑾,顾朝林,2015a);而我国正在向政府守红线、守底线,市场求发展、求进步的趋势发展。第三,英国城市发展成熟,并一直重视规划引导发展(Plan-led Development),和我国发展较成熟的大城市(北京、上海和一些省会城市等)有可比性。第四,英国城市的法定规划为地方规划,其作用和地位类同于我国的城市总体规划。第五,×市在开展规划实施评估实践中尝试套用了伦敦的规划实施评估方法,其方法发挥了一定作用但也出现了一些问题,可见英国评估方法在中国的运用有进一步探讨的潜在价值。比较研究的理论逻辑,参考了梁鹤年(2004)提出的"背景迁移"分析法①,强调在不同国家、地区或时间里某一个现象的背景对现象产生的重要性。

研究问题四:是否可以验证方法论模型在评估实例中的应用?

实证研究方法。笔者在研究中选取了公共空间评估对象,应用方法论模型,验证是否能得出科学可行的具体评估方案,论证方法论模型的系统性和可操作性。

关于研究方法,需要补充说明三点:第一,基于广泛的评估实践探讨评估方法,并不等同于方法的罗列,其目的是为了寻求方法和评估要素之间的关系。开展方法研究,摒弃了过去研究中仅为某个实践提供技术方法的目的,而是从整体上探求理论—准则—方法—应用的体系。第二,访谈一线参与规划实施评估的规划师,并在研究不同阶段交流研究成果。第三,通过参与相关单位的规划实施评估实践和《试行办法》修订研究课题,对一线实践形成直观的认识,也成为本书的基础工作之一。

---

① "背景迁移"分析法指把甲地的现象、甲地的背景、乙地的现象和乙地的背景四个要素分离,分析将甲地的方法"迁移"到乙地的背景后可能产生的问题,最终调整形成适合乙地背景的方法。

1.4.2 本书结构

全书共 7 章。第 1 章绪论，主要回答为什么开展此研究，研究的问题是什么，具体怎么开展，通过研究希望达到什么目标，以及研究成果具有什么意义等问题。在对评估的研究和实践历程中，理论和实践试图以标准研究、客体研究和方法研究为视角作出努力，积累了一定理论共识和技术方法，但缺乏在方法论层面的探讨，因而提出了本书研究的核心问题：采取什么方法来评估规划实施的成效，如何确立方法选择的路径？

围绕上述核心研究问题，第 2 章回答是否存在一个通用的最优化规划实施评估方法的问题。2.1 节和 2.2 节对此做出了解答，将公共政策评估、教育评估、评估学的理论和方法引入城市规划实施领域，以方法研究为视角，梳理各类规划实施评估方法的演变历程，比较不同方法在不同案例中的优劣和适用性，证明了不同评估方法有其不同适用性。因而从探讨哪种方法最优转为讨论不同情景下方法的选择。此后 2.3 节进一步分析了决定规划实施评估不同情景的相关要素，分析关键因素的不同类别和细分。

第 3 章、第 4 章要回答的问题是：所讨论的关键要素如何影响实施评估方法的选择？是否存在方法 Evaluation 和关键要素 a，b，c，d，e 等的对应关系，即存在方法论模型 $\text{Evaluation} = F(a, b, c, d, e, \cdots)$？也就是说，在不同评估要素的影响下，如何选择评估方法？第 3 章和第 4 章分别通过中国和英国各城市实施评估的案例研究，以“要素—情景—方法—结论”为分析框架，试图给出回答。第 3 章基于我国实践开展研究，依据我国 18 个省 76 份评估报告，阐释已展开了哪些方面的探索，开展评估实践中的特点等，并具体针对×市开展评估的案例分析有关事实和价值的困惑，分析具体采取的评估方法和相应的评估关键要素之间是如何关联的。第 4 章针对英国 8 个城市案例，对地方政府规划和评估负责人员开展面对面访谈，在论述了英国的规划体系、评估体系的发展和法定要求的基础上，运用扎根理论的理论抽取方法，归纳形成英国评估方法的选择和关键要素间的关联逻辑链。

第 5 章要回答的问题是：在二者对应关系的基础上，如何构建城市规划实施评估的方法范式？第 5 章分为理论深化、准则阐释、方法分类三个部分，依据中英两个实践研究中比较、提炼的方法选择路径，构建出基于准则的规划实施评估方法选择树模型，并将现阶段已有的评估方法纳入方法集中。

第 6 章以第 5 章形成的方法范式为基础，运用选择树路径推演形成公共空间规划实施的评估方法。通过比较原有评估方案，检验在评估实践中方法范式对评估方法的选择逻辑是否发挥了引导、优化、稳定的作用。

第 7 章对全书做出总结，结论认为规划实施评估并不缺乏科学理性的技术方法（工具理性），评估的困境也并不在技术壁垒，而是缺乏对制度、机制、规划作用的理解。评估结论取决于从评估要素到评估方法的推演路径，因而形成能够理性地指导评估方法选择的范式（过程理性）至关重要。同时，第 7 章阐释了本书的创新点和不足之处。

1.4.3 研究框架

研究基本框架的拟定是依据研究问题为导向的，具体如图 1-8 所示。

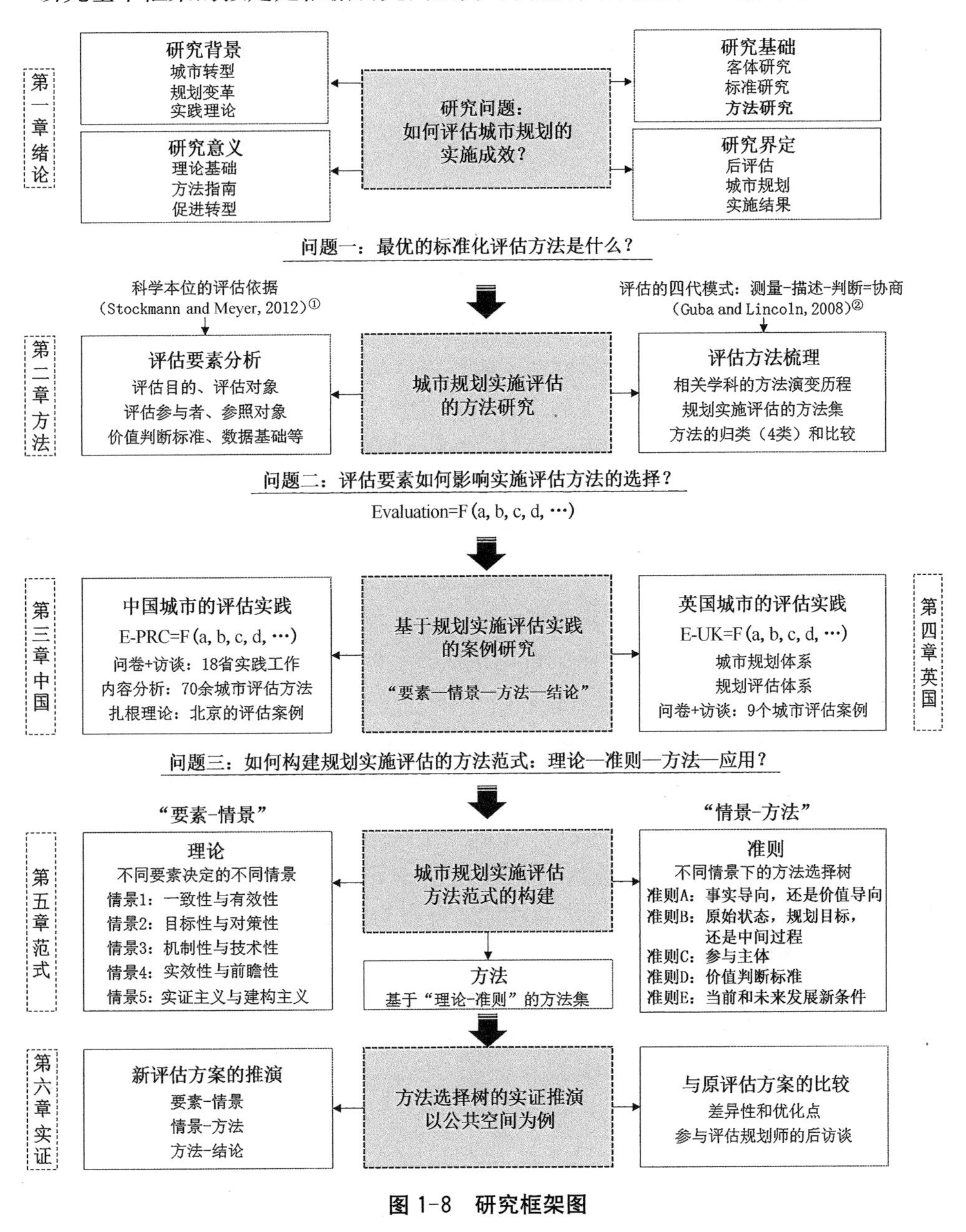

图 1-8 研究框架图

① Stockmann 译名为“施托克曼”，Meyer 译名为“梅耶”，本篇文献对应“参考文献”的“施托克曼，梅耶，2012. 评估学[M]. 唐以志，译. 上海：人民出版社”，后文同样以“(Stockman and Meyer，2012)”引用该文献。

② Guba 译名为“古贝”，Lincolu 译名为“林肯”，本篇文献对应“参考文献”的“古贝，林肯，2008. 第四代评估[M]. 秦霖，译. 北京：中国人民大学出版社”，后文同样以“(Guba and Lincoln，2008)”引用该文献。

2 规划实施评估方法的演变、类别和要素

2.1 规划实施评估方法的演变历程

规划实施评估方法的形成主要的三个来源，分别借鉴了其他学科的评估方法研究的成果，规划评估理论研究的衍生成果以及实施评估方法的应用研究。

第一，其他学科研究对评估方法的贡献。经济学、公共政策学、政治学、公共管理学、教育学、经验主义社会学、评估学等学科都有对评估方法的讨论和研究，本书研究的评估方法主要借鉴了公共政策评估和评估学的研究成果。

(1) 经济学是评估最早的定义来源，用量化的标准给出最直观的评价，但前提是一切事物需首先量化成货币单位，以便于计算和比较。用 Hall(2010)的话说，评估直白的解释是通过定量比较判断是否获益，从而寻求未来更大收益。经济学理论为评估奠定了价值定量转化的思维。例如，典型的影子价格概念，指某类资源挪为他用所能产生的净利润，也就是边际使用价值，或者说替代的机会成本，以此来表示这类资源的真实价值和稀缺程度，这当中体现了价值转化的思想，如通过边际成本来评估城市中某一资源(例如土地资源或绿地资源)的真实价值。另外在公共经济学中，常常将城市中公共空间、公共服务设施、基础设施等公共物品与商品做类比，并采用经济模型来解释判定其价值。

但事实上，对规划行为(尤其是规划实施行为)的评估与对某一特定资源(规划对象)的评估仍存在一定差异(Greene, 2009)，规划实施行为的参与主体比经济行为的消费者、生产者二元结构更复杂，也更模糊，例如规划编制是由政府、规划局主导，规划院协作；规划实施由政府主导，有时开发商参与；受益者是城市、公众和获得经济收益的开发商等。此外资源的价值与供需关系相关，与规模数量相关；然而规划行为却是不能简单地按规模放大推广的，这是因为城市中不同区位的特征是不同的，也就是说即便将城市空间作为生产的产品，其本身是不匀质的。鉴于城市规划作为一项公共政策的特殊性，研究规划实施评估方法、公共政策评估和分析的研究成果也成为重要基础。

(2) 公共政策的评估研究，从理论和方法上给规划实施评估带来了较大的影响。传统规划评估的方法主要建立在政策评估的方法基础上。邓恩(2011)、Vedung(2010)、Fischer(1995)、梁鹤年(2009)等是公共政策评估研究领域的代表学者。他们对政策评估的目的、衡量的标准、评估的难度，譬如政策的影响范围/对象不确定，直接和间接影响难区分，短期和长期影响难预判，难寻找对照组作比较等问题的阐释，为理解和开展规划实

施评估奠定了理论基础。尽管如此,政策评估对技术方法的系统性贡献比较有限,真正对评估方法论层面的探讨是在评估学领域内开展的。

(3) 评估学更系统开展针对评估方法的研究,属于经验主义社会学范畴的研究,基于经验实证归纳在教育、医疗、公共管理等方面开展评估实例中的理论和方法。代表学者有 Guba、Lincoln、Stockmann、Stufflebeam 等(Guba and Lincoln,2008;Stockmann,2012;Stufflebeam,2007)。其中 Stockmann 和 Meyer(2012)指出评估方法的研究不同于一般基础科学性研究的特点,其关键目标不仅是推动一般意义上的理论进展,而是采用科学的路径完成委托方的评估任务。因而,在评估方法的演变过程中,同时受到了科学性研究和应用性研究两方面不同要求所带来的影响。由于评估的结论服务于政府决策、城市战略等领域的实践应用价值,它一方面要遵循经验主义社会学的基本原理和科学规范,但另一方面具有较强的应用性和实践指导性,其目标希望能推动社会实践,提供决策依据等。这个矛盾在规划实施评估领域也同样非常突出,因而规划实施评估方法的演变也受到来自于这一对矛盾互相抗衡或缓解的博弈。

Guba 和 Lincoln 在 1989 年提出一种广受认可的分类方法,该方法认为评估方法可分成测量、描述、判断和协商的四代(Generation)历程(Guba and Lincoln,2008)。

第一代"测量"的概念源于 19 世纪教育科学领域测量学生成绩的方法,以此评估学校教育措施的实施效果。这种方法的本质是确定政策或措施的作用的单一指标,通过直接测量评估实施效果。

第二代"描述"的方法强调实施后产生的结果和原先制定的目标之间的差异。Ralph Tyler 是其中的代表人物,提出了对照目标比较实施结果的七步评估方法(见表 2-1)。Guba 和 Lincoln 将该方法称之为"描述",其核心特点有两个:一是关注目标,以目标和结果的比较作为评估的标准;二是限于自我评估层面。

表 2-1 Ralph Tyler 的七步评估方法

步骤	Ralph Tyler 的"描述"方法
第一步	对目标做出基本描述
第二步	对目标进行分类
第三步	定义具体的目标
第四步	研究证明目标实现的条件
第五步	根据研究,细化可测量的指标和方法
第六步	收集相关指标的数据
第七步	将数据和事先确定的目标进行比较

资料来源:参考(Fitzpatrick, Sanders and Worthen, 2004)

第三代"判断"源于最早的评估研究者之一 Robert Stake。Robert Stake 在 1967 年提出了评估由描述和判断两个行为构成,评估的判断标准是带有价值倾向的,其本质是将预期的价值倾向与描述行为所观测到的价值进行比较。这与此后城市规划研究领域的学者梁鹤年(2004)在研究政策评估中所提出的政策评估的核心工作是探讨价值和政策的关系,是一致的。Stockmann 和 Meyer(2012)认为提出评估中价值判断的观点是这一代方法的重要贡献,虽然之前两代也有涉及,但前两代对价值标准的定义并不明确和系统。

第四代"协商"的方法由 Guba 和 Lincoln(2008)提出,深入研究在评估过程中不同利益相关者的价值博弈,和不同价值标准下对数据和信息的需求(Guba and Lincoln, 2008)。过程中,该方法通过定性访谈、观察、文献分析等方式获取各种信息,与其他方法不同的是,并不只有评估者通过数据分析做出价值判断,而是强调利益相关者在评估过程中的陈述资料和共同协商沟通,从而建构评估结论的共识。方法强调最重要的不是对所谓客观事实的描述,而是信息的可信性。

第二,规划评估理论研究的衍生成果。Faludi 和 Alexander(1989)基于"不能评估的政策不是好政策"的政策评估认识,提出不能评估的规划不是好规划的主张(Faludi and Alexander, 1989)。他们认为城市规划作为"控制未来"的工具,如果规划成功与否无法被评估的话,那么规划将无法保证对城市发展发挥积极的作用。国内学者张庭伟(2009)将规划评估分成技术评价(对规划编制和规划方案本身)、实效评价(对规划实施后产生的效果)和价值评价(从长远的视角客观评价规划的科学性)三类。孙施文和周宇(2003)认为在相比政策评估而言,规划评估有两大特殊性,也正是这两大特殊性带来了评估中相应的困难。首先,规划试图通过空间政策影响城市方方面面的发展,因而干预的结果更多元,除了经济效益以外,也存在诸如生态、社会等方面的效益,而这些多元价值的量化及它们之间的博弈平衡,是评估的难点之一。其次,和其他类型的评估相比,规划的核心本质是对空间资源的分配,存在具有空间属性、较难量化的测度指标,对空间要素的评估更具有挑战(Wong, Rae and Baker, et al., 2008)。周国艳(2012)依据 Vedung(2010)的公共政策评估"演变四潮"(科学潮、民主潮、新自由主义潮、科学潮)理论,归纳出规划评估理论演变的四个特征性的阶段(表 2-2),分别是物质空间的比对、系统方法论导向下的评估、关注社会成本和收益的评估、多元化的效果评估。

表 2-2 规划评估理论的发展演变总结

阶段	时间	特点
第一阶段	1960 年以前	城市规划被认为是可以通过设计而实现的"蓝图",以 1952 年 L. Keeble 的《城乡规划的原理与实践》为代表的研究阐述了城市规划作为理性主义物质空间规划的标准理论。因而评估城市规划的实施成效的基本标准和方法是基于空间或非空间属性的建设结果和"蓝图"之间的符合程度比较
第二阶段	1960—1980 年	此时期开始意识到上一阶段规划中缺乏对其他社会问题的关注。新制度经济学理论在城市规划实施成效的制度有效性分析上形成了系统化的发展,在"产权""交易成本"、利益相关者的"理性选择"3 个方面形成了基本理论体系。在系统方法论思想的引导之下,此时期形成包括了对规划方案的系统科学性、实施结果空间上的一致性、规划过程的理性等方面的评估

续表 2-2

阶段	时间	特点
第三阶段	1980—1990 年	此时期，德国社会学家 Habermas 提出规划是一种“交流行动理论”，社会交流使城市规划成为一种集体共识性的目标。在 Alexander、Faludi、Talen 等引领下，评价城市规划的成效更加关注城市规划的社会不同利益相关者的选择，引入公众参与的评价方法，以及关注城市规划的价值层面和意义
第四阶段	1990 年以后	城市规划出现了多元发展并进的趋势。出于人类社会共同生存空间的质量和持续发展的关注，1990 年代出现了合作规划理论和可持续发展规划理论，因而增加了环境评估、可持续评估的方法

资料来源：参考(周国艳，2012)整理

第三，评估案例的实证研究。从 20 世纪 50 年代以来的经典评估案例中，笔者归纳总结出成本-收益分析(Cost Benefit Analysis，CBA)、规划平衡表分析(Planning Balance Sheet，PBS)、目标-结果矩阵(Goal Achievement Matrix，GAM)、多指标分析(Multi Criteria Analysis，MCA)、政策—规划—程序—项目评估模型(Policy Planning Program Project，PPPP)、政策—项目—实施—过程评估模型(Policy Program Implementation Progress，PPIP)等评估方法，并按照该方法判断是属于定量评估方法还是属于定性评估方法，适用于规划过程中的哪个评估阶段？并绘制成了经典方法的演变图，详见图 2-1。图中有些方法之间有承接延续的关系，有些方法之间是替代的关系。例如 CBA 和 PBSA 被归为成本-收益分析方法，PBSA 是在 CBA 基础上为了更适应规划实施评估而设计的多主体参与计算成本-收益的方法。GAM 属于目标-结果分析方法，明确了将结果和目标的比较作为评估标准的思想。MCA 在之前方法的基础上，强调层层分级化指标。而偏向定性分析的过程评估方法 PPPP，通过是非判断引导一致性、合理性等的评价方法替代了原先方法中定量转化思想等。而根据不同方法间的关系，本书也在 2.2 节中将它们归为四个类别，并对各类方法有更详细的比较分析。

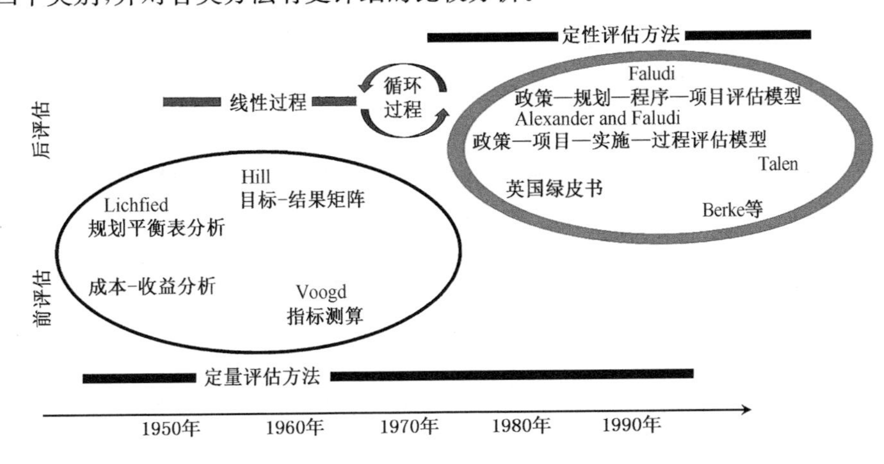

图 2-1　规划评估经典方法的演变历程

总的来说,经典的评估方法体现了以下三个变化特征。①评估时间:过去较盛行规划前评估,随着规划编制的科学化,更多地转变为开展规划后评估,关注规划实施质量的提升。②定量或定性:从使用量化方法转变为更多地使用定性方法,也呼应了理论研究的第三阶段,从使用单一技术理性的方法转变为更多地诉诸利益相关者的需求。③测度标准:从单一标准的测度向多元化的目标发展,并关注评估结论对规划体系的反馈。

近代的规划实施评估方法呈现出更加多元化的态势,也以建立指标体系、量化计算、以目标为参照的比较评估等为主。本书从方法研究的视角,希望探寻现阶段是否存在更适宜的、具有通用普适价值的评估技术方法,比较不同方法的优劣,选择或创立一种新的评估方法以提升规划实施评估的科学性和专业性。后文主要借鉴了 Guba 和 Lincoln 提出的"测量、描述、判断、协商"的四代评估方法理论(Guba and Lincoln, 2008),将典型的规划实施评估方法归纳为四类,形成四个方法集,分别是:成本-收益分析、目标-结果比较、综合指标体系和案例质性研究。以下 2.2 节依次阐释各方法集和相应的衍生方法的定义、评估步骤、应用在规划实施评估领域的案例,以及比较不同方法的适用性。

2.2 规划实施评估方法的归类比较

2.2.1 成本-收益分析

按照 Guba 和 Lincoln 的第一代"测量"方法的定义,测量评估的本质是通过直接测定规划实施作用的单一指标,评估实施效果(Guba and Lincoln, 2008)。在规划实施评估的方法中,成本-收益分析(CBA)方法,属于这一类经济学视角下的技术性测量方法,其原理是通过价格量化的理念,计算实施投入的成本和产出金额,比较是否有收益。通过计算实施所投入的成本,比较可能回收的效益,回答"是否有能力实施这一方案""实施这一方案是否能获益"等问题,同时也为下一步实施的投入产出方案提出可行性建议。

最早形式的 CBA,19 世纪由法国经济学家 M. Dupuis 提出(Lichfield, 1964),按照市场定价的原则,分别测算某项目或某公共部门的举措相应的投入和产出金额,从而比较是否在公共投资中收获了最大的收益。至今,CBA 在城市规划及空间发展政策等的实施评估中依然有应用(Kreitler, Stoms and Davis, 2014; Tyler, Warnock and Provins, et al., 2013),在土地开发或基础设施建设实施后,使城市中某些地块的价值发生变化,根据成本-效益分析方法所遵循的经济学原理,计算一定区域内的土地价格的变化,可以作为评估规划实施净收益的方法。

CBA 的优点在于,可以把规划目标实施相关的成本和效益通过价格的形式量化,明确直接地通过规划实施的投入产出比呈现。然而，这一优点也恰恰成为最受质疑的一方面。尽管通过价格的形式量化直观明确，但如何确定成本收益的类别？如何准确测算每一项的成本和收益？成为最终决定 CBA 评估方法可信度的关键。

为了能准确测算每一项的成本和收益，经济学的研究成果为此提供了启发性的理论基础，在价值转化和衡量方面提供了方法基础。例如影子价格的概念指当某个资源受到约束时，假设能放开约束，所能获得的单位利益，即经济学上所说的边际使用价值（皮尔斯，1992），或者说是将某类资源用于其他替代项目所产生的净利润，也称为替代机会成本，反映了这类资源的真实价值和它的稀缺程度。影子价格的概念被运用于评估地理学领域耕地的保护成本（陈丽，曲福田，师学义，2006；徐梦洁，葛向东，张永勤等，2001）。例如在一个划定空间边界的片区内，有若干需要保护的耕地，若规划一块耕地为新建设用地，新建设用地规划实施后所能获得的社会、经济、生态等多方面的效益，体现了耕地在片区内的影子价格。在片区内耕地亟须保护的情况下，新建设用地的规划实施能带来较大程度的效益提升；而在片区耕地数量已经能较大程度地满足需求的情况下，新建设用地可能就只能带来较少的效益。因而，若在规划编制和规划实施的全过程中，对相应的城市资源，或者说规划对象（绿地、教育设施、医疗设施等）进行影子价格的量化分析，能反映这种资源的真实价值和在城市中的供需关系。

另外，消费者剩余的概念，即消费者购买某商品时预期或者说愿意支付的价格与实际支付的价格之间的金额差值（马歇尔，1964），也被运用在基于旅行费用法（Travel Cost Method，TCM）的旅游资源价值评估中，即将旅行费用（如交通费用、门票费用和餐饮等旅游景点的服务费用）作为进入景点消费的“影子价格”，并通过这些实际的费用数据，求出旅游地资源物品的消费者剩余，进而求和算出景区的游憩价值（刘晴，杨新军，王蕾等，2010）。

然而，为什么以 CBA 为代表的经济价值转化类评估方法在我国评估实践中的应用并不多呢？主要受限于数据基础和开放性的短板。评估中涉及的规划实施投入成本的计算，需要根据成本的细分类别在实施中持续的数据积累。成本计算的难度在于讨论哪些项需要计算，如何计算外部溢出效益、有形和无形的效益、短期和长期的效益、个人和团体的效益等。然而，在实际规划实施和城市管理工作中，行政人员很少真正用价格量化成本。

但正如 Hall（2010）所说，CBA 完全遵从经济学的理性逻辑，但限制是并非每一项产出都能精确地计算价格（Hall and Tewdwr-Jones，2010）。尤其在城市规划实施领域，其实施结果具有外部性、广泛扩散的影响性、一定的滞后性等，更难以测度（孙施文，周宇，2003）。此外正如 2.1 节中的分析所述，经济学对商品的价值评估、地理学和城乡规划学中对土地资源的价值评估，以及对规划实施行为的评估，在评估主体、评估维度、价值类型等多方面还是有所差异的。

此后，为了完善 CBA 方法，出现了成本-效益分析（CEA）方法。二者的不同在于后者不需要对效果进行价格化，而只是通过各项指标来表征效果，从而计算单位成本所获得的效益值，即效益和成本比值。

另一方面，CBA 仅关注总体效益值的最大化，却忽视了城市规划作为空间分配的工具，涉及不同利益相关者的投入和产出，也就是这其中由谁负责投入由谁受益的问题，这类评估方法并不能评估资源配置公平性的问题。CBA 的单一经济收益逻辑，认为获利最大，规划结果最有效，缺少对规划实施本身和规划多元价值的认识。为了解决这一问题，英国规划师 Lichfield(1975)衍生出规划平衡表分析方法(PBSA)(Lichfield, Kettle and Whitbread, 1975)，强调不同利益相关者的成本收益和社会总体的成本收益不同，揭示规划或项目实施带来的外部影响(图 2-2)。

	规划方案			
	收益		投入	
开发投资者	人均	每年	人均	每年
X	$a	$b		$d
Y	i1	i2		
Z	M1		M2	
收益者				
X1		$e		$f
Y1	i5	i6		
Z1	M1		M2	

图 2-2　规划平衡表分析方法

资料来源：参考(Great Wellington Regional Council, 2005)

美国加利福尼亚州(State of Califomia)Sacramento 和 San Joaquin 保护规划的实施评估案例

评估者认为，在保护规划的实施中，确保获得正收益，乃至获得收益的最大化，是确保保护规划得以继续实施的关键，也是规划实施评估有效的重要标准。基于这一基本判断，对规划作用范围内各地块分别计算规划实施所需的投入和实施的产出。

如何开展规划实施的成本-收益的评估呢？具体步骤为三步：第一，确定投入产出相对应的项目或指标；第二，通过数据搜集测算各项的值；第三，比较差值或计算投入产出的比值。土地投入成本的计算，采用了获取土地产权或开发权的投入金额(见图 2-3)。产出值由多个方面的求和得出，分别是农业产出、保护区扩散范围、抗灾害能力等(见图 2-4)。将收益值除以投入值，得到收益与成本的比值(见图 2-5)。

这类测量评估方法的意义在于呈现事实，通过统一的量化指标，将复杂事实简化，并依赖 GIS(地理信息系统)工具将评估结果和空间关联。此后，根据实施评估的结果，进一步分析不同地块的实施措施(Solution Procedure)与投入产出比的相关性，从而回答如何实现收益最大化的问题，这也是评估的意义所在。

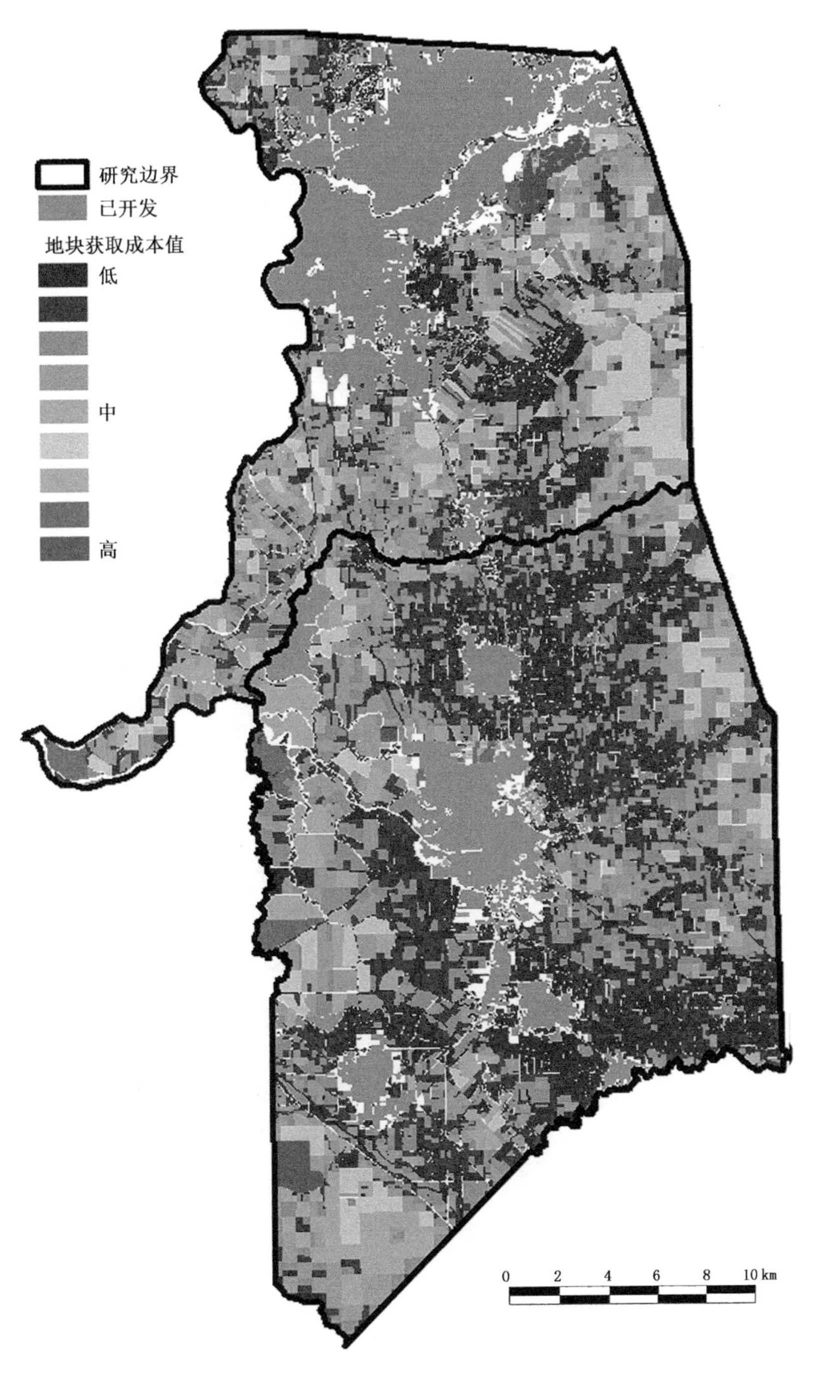

图 2-3　美国加利福尼亚州 Sacramento 和 San Joaquin 保护规划的各地块成本值分布图

资料来源:Kreitler, Stoms and Davis, 2014

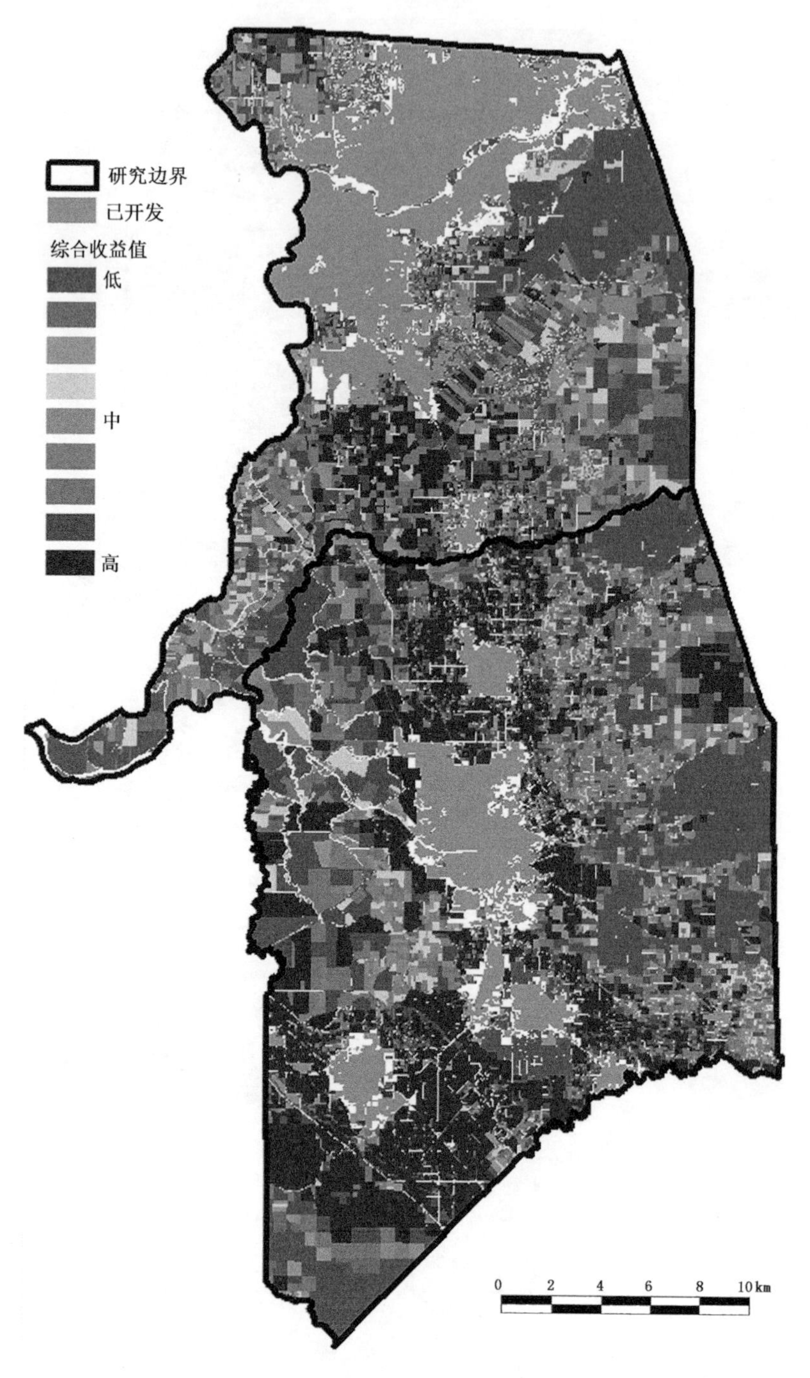

图 2-4　美国加利福尼亚州 Sacramento 和 San Joaquin 保护规划的各地块收益值分布图

资料来源：Kreitler，Stoms and Davis，2014

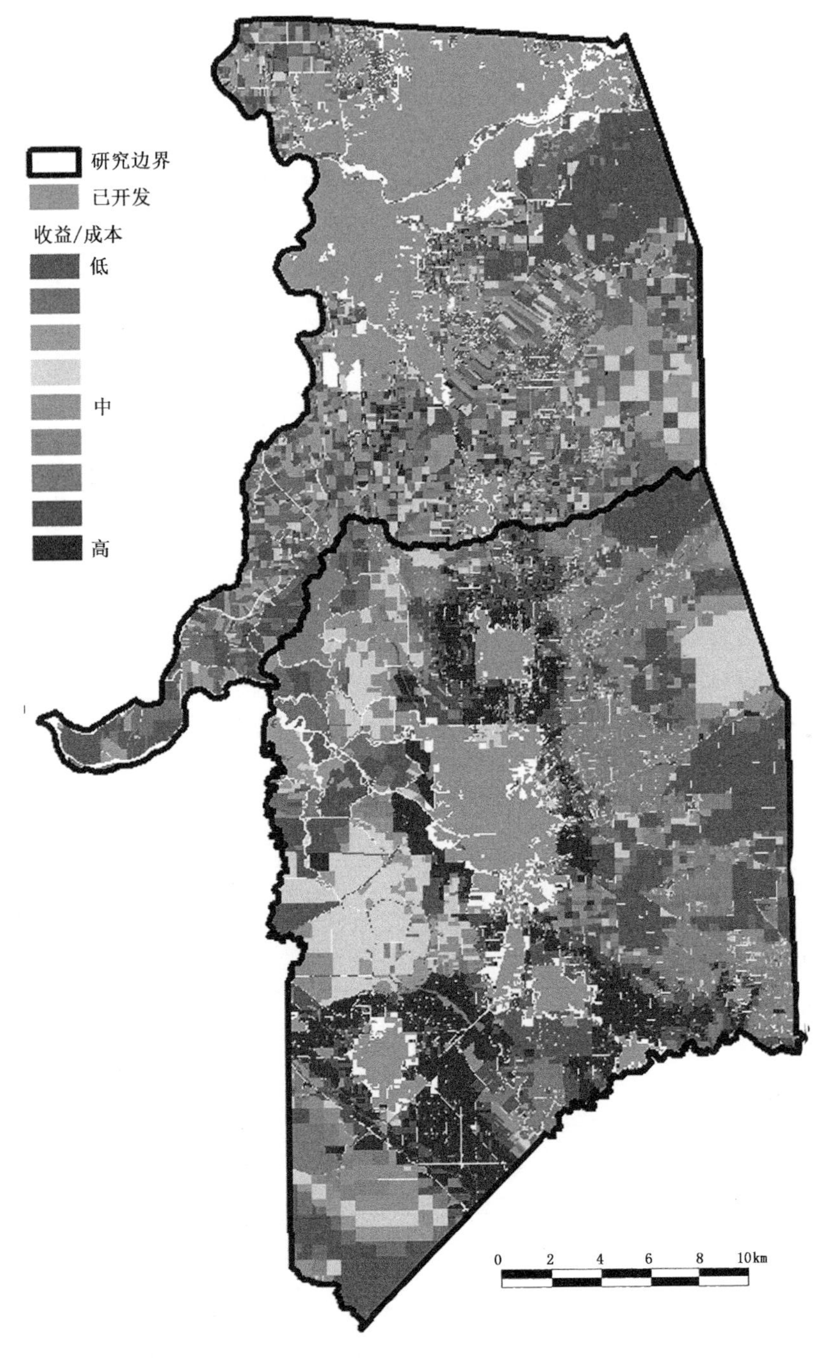

图 2-5 美国加利福尼亚州 Sacramento 和 San Joaquin 保护规划的各地块收益与成本的比值分布图

资料来源:Kreitler, Stoms and Davis, 2014; Tyler, Warnock and Provins, et al., 2013

2.2.2 目标-结果比较

目标-结果比较的评估方法核心是强调以目标为导向，比较规划在实施后产生的结果与原定目标之间的差异，即一致性评估(Alexander, 2006)。评估的本质是比较优劣，因而需要确定比较的参照对象，因而很早就被打上了目标导向的烙印(Christie and Alkin, 2008)。Guba 和 Lincoln(2008)将其称之为描述性评估。笔者认为，用"描述"一词，源于对结果的相对客观性描述，并将发展现状与规划目标作对比，相比第三代"判断"评估，并没有明确受某一价值判断的导向。

规划实施领域开展的目标-结果比较的方法主要有三类。首先，最基础的步骤是结合规划实施的空间属性，运用地理信息系统(Geographic Information System, GIS)比较规划目标与实际用地情况的差异，以二者的一致性作为评估标准，该类方法使用非常广泛(Brody and Highfield, 2005;龙瀛等,2011;田莉等,2008)。其次，针对规划中常常出现多目标或者需要分解成多目标评估的情况，通过建立从愿景(Ideals)—目标(Objectives)—策略(Policies)—指标(Indicators)的承接体系，将针对的目标层层分解为具有可操作性可测量的对照目标，收集对照指标相应的数据信息，比较每个目标达成的程度(Fischer, 1995)。最后，Hill(1968)提出了目标-结果矩阵(GAM)评估法(见表2-3)，以成本-效益分析(CBA)为基本理念，从最简单的实证比照，加入经验性的权重分配，最终计算每项目标的收益平衡结果。GAM 方法将分目标引入评估矩阵中，通过量化标准计算其实施效能，也为多指标评估方法(MCE)奠定了重要基础(Alexander, 2006)。

表 2-3 目标-结果矩阵评估法

愿景	分目标 A			分目标 B		
	权重 a			权重 b		
评估主体	评估者权重	成本	收益	评估者权重	成本	收益
人群Ⅰ	ia	D	C	ib	E	R
人群Ⅱ	iia	H	J	iib	Q	—
人群Ⅲ	iiia	—	K	iiib	S	T
求和		$\sum$	$\sum$		$\sum$	$\sum$

资料来源：参考(Hill, 1968)

在目标-结果矩阵评估法的表格中，出现了两个维度的权重。第一，根据目标的主次关系和重要性排序，不同分目标的权重越高说明规划分目标的实现对总目标的实施程度影响越大。第二，不同评估者权重是由于在规划目标实施过程中，不同评估者获得的价值分配情况不同而导致的。面对城市中不同价值取向的群体，规划实施过程需要面对各种利益的博弈，因而由于实施管理者的决策不同，会产生因为保障某些群体的利益，而不得不妥协甚至牺牲另一部分群体利益的现象。不同人群的权重是有由整体的价值判断而决定的。例如当评估者认为，当规划行为产生后，收益大于成本则规划目标达成，那么在分别测算成本和收益时，公众、开发商、机构或是政府对目标是否达成的价值判断会因其重要性而影响最终对总目标的评估结果，这就是权重设立的意义。第三，Laurian 等(2004)基于目标和结果的描述性评估逻辑，拓展了目标和结果比较的内容，发展了以策略实施度为评估指标的 PIE 评价框架，定义了规划实施过程中策略的实施广度、深度的概念①，以此判别规划是否得到实施以及实施度如何，修正了单纯空间比对方法的限制性。

目标-结果比较方法更适用于目标是明确的、具有可比照的例如量化的数据的情况，同时需要有持续的数据积累，以便于分析比较。譬如在规划编制时要求人均绿化面积规划为 15 m^2，那么在规划实施后可以将结果测量后直接与目标进行数值比较。然而我国的规划实践中的事实情况是，首先编制形成的规划目标中往往是相对宽泛的愿景或是对策，例如构建更具活力的创新城市、逐步疏解旧城的职能等，这是过去规划编制中的问题，从而也给评估造成了难度。由于目标不够细化，对目标的准确描述尚有难度，更不用说要评估通过规划实施是否达到该目标了。因而规划中相对宽泛的对策性目标给目标的分解带来难度，可行性和可信度都会相应降低。其次，因为这类方法建立在绝对认可原规划目标的前提上，所以最终的评估结果仅限于与原目标的比较，对规划方案的改进并没有直接帮助。如果原规划目标不具有科学性，评估结论也并不具有太大价值。最后，即便规划目标没有问题，这类评估方法在规划实施和城市发展过程中也未体现所产生的新的积极或消极的附加作用(Stufflebeam，2007)。

空间规划目标实施一致性的两个评估案例

第一个案例，主要采取了将一致性指标数据在空间上可视化的方式，例如非洲马里某地区各村落某基础设施的实施评估(见图 2-6)，通过不同颜色的点呈现不同地区实现一致性的高低。第二个案例，采取网格覆盖法，根据具体的用地分类，比较现状用地和规划蓝图的差异。Brody 等(2005)在评估美国南佛罗里达地区的用地规划与城市开发现状中，就采取了这一方法，梳理比较不同类型用地不一致率的高低，并追溯城市发展和规划实施中造成其产生的原因。

---

① 实施广度指在规划实施过程中至少被实施过一次的规划政策类别数在相关所有政策中所占的比例。实施深度指每一个规划审批程序中采取政策的频次占该程序中使用所有相关政策频次的比例。Laurian(2004)等认为实施广度高，说明规划实施政策的覆盖面比较全；实施深度高，说明规划人员按照规划政策严肃开展实施。

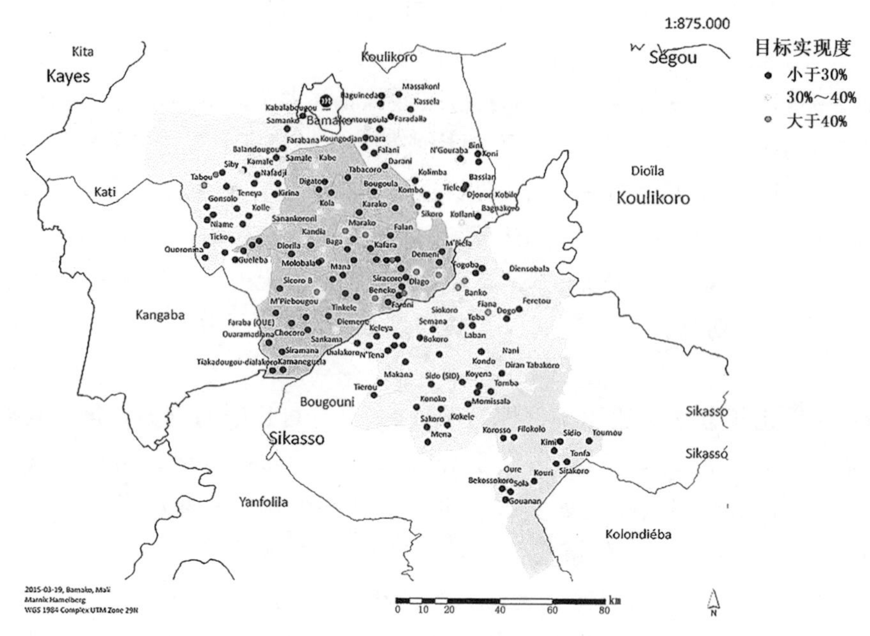

图 2-6　马里某地区各村某基础设施投放覆盖率分布图

资料来源：Hamelberg，2015

2.2.3　综合指标体系

综合指标体系的方法有两个特征：第一不完全以目标为绝对的参照对象；第二在数据测算和基本事实描述的基础上，增加有价值倾向的判断行为。为什么会形成这种方法？这一评估方法形成的结论有什么特点？以下从这两方面的特征出发做具体阐释。

第一方面是基于上述目标-结果比较方法的不足，即局限于目标本身不能发现规划实施后新的附加作用，评估学研究者 Scriven（1991）提出了“不限于目标”的评估方法（Goal-free Evaluation），因为正如上述分析，局限于目标会对实施带来非预期的负效果和副作用等诸多问题。那么，“不限于目标”的评估该如何开展呢？Scriven 将其转化为针对独立于目标以外的实施效果进行探寻和调查，采用了对“目标群需求分析”的方法，分析实施效果是否符合目标受益者的需求（Pipia，2015）。

另一方面，由于评估的主要目的是判断实施结果中哪些是好的，哪些是不好的，因而评估事实上是确定事物的优点和价值的过程。Guba 和 Lincoln 将其命名为“判断”也是源于 Robert Stake 在 1967 年提出了由描述和判断两个行为构成评估方法的观点。这与城市规划研究领域梁鹤年（2004）所提出的观点达成了共识，评估的核心工作是探讨价值和政策的关系、梳理决策者自身的价值和政策关系，与利益相关者的价值和政策关系，最终保证决策和实施的结果取得价值平衡。其本质是将预期的价值倾向与描述行为所观测到的价值进行比较。Stockmann 和 Meyer（2012）认为提出评估中价值判断的观点是这一代方法的重要贡献，虽然之前两代也有涉及，但对价值标准的定义并不明确、系统。

具体来说，属于综合指标体系类评估的技术方法关注以下三个层面的问题：

第一层面，综合指标体系评估的技术方法最早是源于20世纪60年代法国开始使用的多指标评估法(MCE)，和GAM比较类似，但不同的是，不限于与自我目标评估的层面，MCA可以面向横向类似城市的比较，也可以实现与规划实施前的状态比较，甚至是采用对照组实验评估法。但由于城市的特殊性，不存在两个完全相同的空间对象，所以实际操作时论证对照组的合理性难度较高，可行性并不强。

首先，明确参考评判并将其细化分成多项，其次根据重要性对价值属性加权，最终通过数据搜集，按照各项数量乘以权重的加和计算总结果。由于较难决定如何赋予不同项以不同的权重，此后随着理论和计算工具的进步，形成了层次分析法①、因子分析法②、均方差决策法③等(孙超俊，2015)。

第二层面的技术方法是结合空间地理信息系统(GIS)工具，综合了多指标计算和空间可视化工具的评估方式(见图2-7)。其最早的理论基础源于Mcharg和Mumford(1969)的经典论著《设计结合自然》中提出的"千层饼模式"的分析方法，最早较多地用于在前评估中确定规划方案，但后来也慢慢运用在后评估中。

第三层面的技术方法讨论的是不同指标所指向的不同价值标准不同受益主体的评估方法，衍生出了特定的FIA、EIA、SIA、CIE、CIA、DP等。例如，FIA的提出者Burchell和Listokin认为，规划的三个核心价值标准是物质空间、财政收入和社会效益，规划实施的成效取决于这三方面综合价值的平衡，因而基于财政收入的价值标准提出了FIA评估方法，在西方国家的政府和公共部门被广泛应用(Burchell and Listokin, 2012)又例如，随着对公众参与和参与式规划的普遍接受，基于社会效益的评估越来越受到重视，如泰勒(Talen, 1997; Talen, 2000)和契塔等(Kyttä, Broberg and Tzoulas, et al., 2013; Kyttä, Kahila and Broberg, 2011)的研究认为规划是否实现目标不是关键，而通过规划提升了社区的价值更重要，因而产生了通过发放问卷、搜集公众意见或满意度评价信息，作为考量依据。

可以发现，综合指标体系的方法在一定程度上是分别在成本-收益分析和目标-结果比较的基础上发展形成的，只是前者通过价格的单一衡量标准，仅关注投入和产出的关系；而后者关注是否达成目标的问题，而并不关心实施结果是否带来某一附加价值的提

---

① 层次分析法由美国运筹学家T. L. Saaty于20世纪70年代在《为了领导者的决策判断：复杂世界中的层次分析方法》一书中提出，是一套系统性和操作性的方法。通常用于不同方案的选择，当运用于规划实施评估中时具体分为三个步骤：首先，将评估对象分解成各个相关目标；其次，依次比较目标间的重要性，利用矩阵计算特征向量的方法验证一致性，从而确定不同目标的权重；最后，根据实施结果不同目标的评分，附乘权重并求和，获得对实施结果的评分。评分依据专家或其他利益相关者打分，通过与目标、同类城市的比较等方式确定。

② 因子分析法属于统计学的分析方法，包括主成分分析、聚类分析、判别分析等，主要用于建立变量和影响变量的因子之间的关联。在规划实施评估中，因子分析法用于确立表征某一方面目标的指标设计，以确保相关的指标能正确代表目标的实现。

③ 均方差决策法是为各指标权重赋值的方法，不需要像层次分析法主观比较不同指标的重要性，而是通过不同情况下各指标的标准差比重来确定权重。指标的标准差越大，其权重越大。

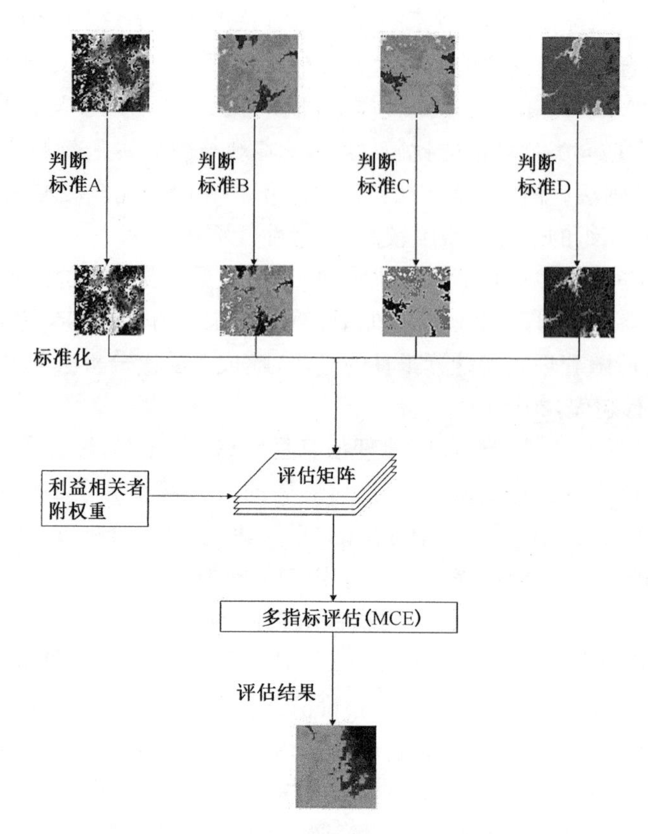

图 2-7　MCE 结合 GIS 工具在规划实施评估中的应用

资料来源：Klinkenberg，2007

升。虽然看起来，在评估思考中有了新的提升，从单一向多元发展，但依然存在的问题是，最终将复杂的效果通过简化线性模型的方式计算，尤其是所附权重的客观性受到较大的质疑。同时，不同的指标设置和不同的权重大小，计算得出的最终结果自然是不同的，也会得出不同的评估结论。因而指标体系的专业性很大程度上决定了评估结论的科学性。

2.2.4　案例质性研究

案例质性研究类的评估方法主要包含三类。

其中第一类采用了不同于之前评估方法中定量思维导向下的测量方法，主要关注描述和解释。运用田野调查等方式，搜集资料，整合信息，深入检视规划实施带来的成果和成果满足目标的程度；并且进一步研究规划方案如何实施、实施过程中受到哪些因素的影响等，开展深入综合的了解和分析。具体运用的方法，常常是定量和定性相结合的方法，包括档案分析、资料收集、访谈、问卷、田野调查等。

例如，英国规划师 Healey(1985)在对英国大曼彻斯特郡(Great Manchester)和西米德兰兹郡(West Midlands)开展规划和政策实施评估时，通过检索文献、实地调查、访谈等方式，选取案例地区和获取案例的相关数据，通过对事实的把握对规划实施度做出评价，并通过过程的追溯，解释实施结果偏离规划目标的原因和遇到的问题，并进一步探讨问题是如何解决的。

然而由于以上的案例分析方法很大程度上依赖于评估者的个人专业性和客观性，所有信息都是通过评估者主动去搜集，结论当然也有评估者做出的判断，因而评估者对评估结论的影响过大。为了更好地引导在实地调查和访谈中需要搜集的资料类型，并结合其他评估方法中的理论研究成果(譬如与目标的比较、价值判断的标准等)，以 Alexander 和 Faludi 为代表提出了思维导图式的评估模型。Alexander(1985)提出了项目—实施—过程(PPIP)评估模型，此后和 Faludi 和 Alexander(1989)提出政策—规划—程序—项目(PPPP)评估模型，该模型主要由五个标准构成，分别是一致性、合理性、最佳性的事前分析、最佳性的事后评价和应用性，详见图 2-8。这个评估模型可以说很全面，对评估实践的指导意义也很大，然而可以发现，流程式的模型中有很多“是”与“否”的问题，但复杂的现实实施情况，往往不是非黑即白的，很难仅仅用“是”或“否”来简单地回答，例如“是否一致”“是预期的吗”等问题，由此在流程中做出选择，并往下开展。而每次的选择都影响了最终评估结论的得出，因而很难说最终评估结论真正代表了现实情况。

此后，Oliveira 和 Pinho(2009)提出了规划—过程—结果(PPR)模型(见表 2-4)，PPR 模型与 PPIP 模型有很大的相似和借鉴性，同时纳入了综合指标体系方法的内在逻辑，引入了多个标准来进行评估，包括内部一致性、解释性等九个基本衡量指标。其特点是试图整合并涵盖从区域规划到地方规划、从规划文本编制到规划实施过程中的实施程序、从政府影响到公众参与等各个层面。

表 2-4 PPR 模型的设计

维度	主标准	次标准
规划本身是否合理	内部一致性	规划目标、用地蓝图和实施机制三者的关系
	规划和城市发展需求的相关性	城市发展需求、规划目标和用地蓝图三者的关系
	规划的解释性	形态、目标、蓝图和实施机制
实施是否受到影响	外部一致性	与规划目标、用地蓝图和实施机制的一致性
	公众参与	规划编制和实施中的公众参与度和政府鼓励的程度
	政治影响	规划决策、实施过程中受政治力量的影响
是否符合规划	人力资源	可利用资源的类型基于规划性能之间的关系
	规划的实效性	规划在城市发展、城市开发等项目中的作用
	城市发展的方向	规划对物质空间、经济、社会发展方向的引导

资料来源：参考(Oliveira and Pinho，2010)

然而，第一类方法的局限性在于受评估者主观的影响较大。评估是信息搜集的过程，获取和提供的信息有助于确定评估结论和下一步决策。由于偏见的存在，评估者可能选择不收集或不展示一些信息，通过信息的缺失来引导评估结论。而第二类案例质性

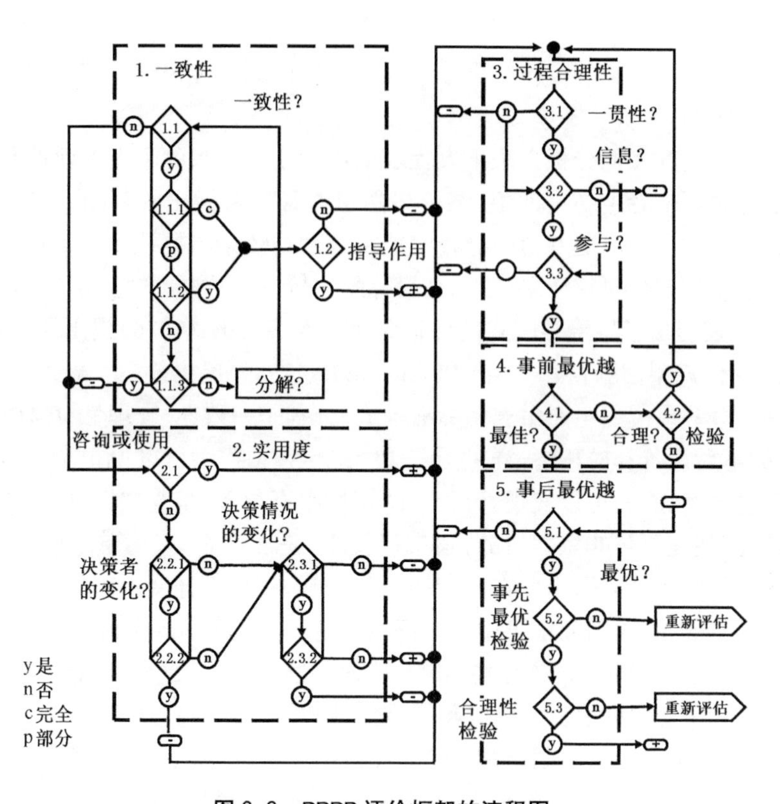

图 2-8　PPPP 评价框架的流程图

资料来源:参考(Alexander and Faludi,1989)

研究的评估方法,在这一点上希望做出一些进步。这类方法源于由 Guba 和 Lincoln 提出的"协商"的评估思想(Guba and Lincoln, 2008),深入研究在评估过程中不同利益相关者的价值博弈,和相应价值引导下对评估对象的数据和信息需求。与其他方法不同的是,并不只有评估者通过数据分析做出价值判断,而是强调利益相关者在评估过程中的陈述资料和共同协商沟通,从而建构评估结论的共识。这些利益相关者包括规划编制主体、实施主体、城市管理主体、公众、开发商等。

纽约(New York)曼哈顿时代广场重建规划实施评估的案例

时代广场的前身是时代广场大厦,19 世纪后期是曼哈顿商业、娱乐和文化的核心区,但随着 20 世纪 20 年代美国禁酒政策的执行,很多娱乐业被迫停业,以及此后 30 年代的"大萧条"对地区活力的影响,该地区逐渐沦为低廉商品交易、投机倒把等的黑市(Friedman, 1986)。直到 20 世纪 70 年代末,一些有影响力的经济和政治集团开始思考这一地区的未来,尤其关注商业的衰退这一与他们切身利益相关的问题。因而时代广场的重建规划是源于一个商业复兴问题的出发点。重建规划的实施主体是一个名叫纽约城市建设公司(Urban Development Corporation, UDC)的机构,最终 UDC 提出了大规模地开发建设办公用地来复兴的方案。

然而到了 90 年代早期,由于纽约长期的经济萧条和近 50 件诉讼案的拖延,房地产市场不景气，相应开发商负责的大规模地产开发项目也一再延期。对此未按计划实现开发目标的结果，原开发方案的反对者提出，应当停下来，观看并倾听时代广场自己的声音，重新思考重建规划的合理性。

反对者们主要表达了三方面的观点：第一，大规模拆除重建将犯罪问题转移到了邻近街区，也给低成本业主带来经营的困难，这是影响社会公正的。他们认为社会公正比商业重建更重要，若经济利益分配的同时不考虑社会责任的承担，规划实施是失败的。第二，出于历史保护和艺术审美的观点，拆除城市具有历史意义特征的建筑，对城市的文化和生活的延续是摧毁性的。第三，提供了相邻街区的复兴案例作为横向参考比较，认为小规模混合开发，保留快餐店、音像店、报摊和剧院等，有助于维护地区的活力(Fischer, 1995)。最终大规模商业建设方案被替代为小规模混合开发的规划策略，时间也证明了评估中通过搜集利益相关者的关注点，真实绘制出全面图景的价值。

2.2.5 四类方法的适用性分析

以上根据 Guba 和 Lincoln 的“测量、描述、判断和协商”四代评估方法的分类逻辑(Guba and Lincoln, 2008)，将城市规划实施评估领域内的评估技术方法分为四类，分别是成本-收益分析、目标-结果比较、综合指标体系和案例质性研究，详见表 2-5。表中梳理了各类方法的内涵、技术方法和评判标准，直观说明该类方法应用的技术方法实例。从中可以看出，规划实施评估经历了对其认识从简单到复杂的过程，评估方法从最初的运用价格量化的单一标准处理，到对其受环境、人为意志、价值取向等复杂性要素影响的多元认识。那么，各类方法集之间有何不同，各自适用的条件是什么，在规划实施评估中哪一类最适宜科学反映和评判实施成效呢？

表 2-5　规划实施评估方法集(笔者绘制)

方法	内涵	评判标准	具体技术方法
第一代“测量” 成本-收益分析	用价格量化规划实施的投入与产出，通过比较投入和产出的金额，得出实施结果是否有增益	经济上是否最大化获益 规划实施是否“物有所值”	成本-收益分析法(Cost Benefit Analysis, CBA) 成本-效益分析法(Cost Effectiveness Analysis, CEA) 规划平衡表分析(Planning Balance Sheet, PBS) 目标-结果矩阵(Goal Achievement Matrix, GAM)
第二代“描述” 目标-结果比较	引入量化标准，比较实施结果和目标的一致性	实施结果与目标是否一致	比较对照分析 多元回归模型 规划实施一致性评估模型(Planning Implementation Evaluation, PIE)

续表 2-5

方法	内涵	评判标准	具体技术方法
第三代"判断" 综合指标体系	根据与规划相关的利益主体的多元价值判断标准，确定多项评价指标，最终统计计算综合得分	基于明确的价值判断标准，评价规划实施的情况是优或劣	多指标评估（Multi Criteria Evaluation, MCE） 财政影响评价（Fiscal Impact Analysis, FIA） 环境影响评价（Environment Impact Analysis, EIA） 社会影响评价（Social Impact Analysis, SIA） 社区影响评价（Community Impact Analysis, CIA）
第四代"建构" 案例质性研究	搜集信息，刻画全面真实的图景，对利益相关者关注的问题予以全面回应，评判规划实施的过程与结果，解释结果产生的缘由，揭示实施中遇到的问题等	规划实施对各方利益主体来说，利益是否得到优化，能否达成共识	田野调查 案例分析 PPIP、PPPP 模型等 扎根理论等质性分析方法

可以从表 2-5 和之前的案例分析中得出，不同方法背后所蕴含优劣评判标准是不同的，有的是基于事实依据，有的是融入了不同参与者的价值倾向。基于事实依据的评估方法，其重点在于如何以较高的准确性和科学性获取数据信息，并据此做出判断以掌握现象的变化状况，以及根据趋势预测未来。而融入价值判断的评估方法，很大程度上的重点在于设计更好的方法，为决策提供不同视角下的信息和分析结果，推进某个维度下对实施成效的进一步认知。

那么是否存在某类所谓最客观科学的评估技术方法呢？规划实施评估一直并不缺乏技术方法上的探索（具体在 2.1 节中做了阐释），但如果不考虑评估方法的适用特征和开展评估想解决的问题，那么评估的初衷就难以实现。例如，当实施评估是为了更好地实现规划目标、研究规划实施的机制时，仅关注物质空间的变化而不追溯实施的过程是不被采纳的；某项规划为了物质设施的供给或社会服务的提升，采取的实施评估方法也不相同，前者采用事实依据和目标导向的方法，而后者需要树立基本价值标准主体和标准，通过指标的转换和测算评估实施成效（Lichfield and Prat, 1998）。

Wilson（1973）对政策效果的评估提出过两条"威尔逊定律"①，认为如果评估主体是执行政策的人或他的朋友们，那么政策评估的结果会产生预期的效果，反之若是独立的第三方，特别是那些质疑政策的人所开展的评估，评估结论是不会产生预期效果的。Fischer（1995）也举了启蒙计划（Head Start）公共政策评估的例子，说明了不同价值立场的评估者会得出大相径庭的结论。虽然 Wilson 的观点比较偏激，但也从一个侧面说明：评估参与者的立场、评估的目的等可能影响评估方法的选择，以及评估所依据的数据和信

① 威尔逊定律认为"如果政策研究是执行政策的人或他的朋友们所实施，所有干预社会问题的政策都会产生预期的效果"。威尔逊第二定律认为"如果政策研究是由独立的第三方，特别是那些对政策持怀疑态度的人所实施，没有一项干预社会问题的政策会产生预期效果"。Wilson, 1973）

息的选择可能影响评估的结论。对上海总规实施评估的负责人的访谈从实践层面，针对上海两轮评估不同的出发点，不同作用和不同方法也做了较清晰的例证支撑。

对于以上归纳形成的四类评估方法，一方面，随着认识的加深，相应规划实施评估的方法在逐渐变化。另一方面，方法之间没有明显的高下之分，在实践中都有应用，取决于不同的目的和对象、不同的评估情景、不同评估者的出发点。不同决策和解决问题的需求会产生不同评估形式的设计(Alkin, Daillak and White, 1991)。因而，笔者根据以上不同方法存在差异性和适用性，不同评估案例中采取不同方法的分析，提出如下假设：实施评估中并不存在通用的最优评估方法(即便很多研究都在探索或建立一种更优化的方法)，但可能存在着不同情景条件下方法选择的路径，因而比探讨具体方法更有意义的问题是，探讨方法集之间的关系、影响方法选择的要素和构建方法选择的路径。

Stockmann 和 Meyer(2012)通过对评估的定义，区分了科学研究意义上的评估与政治情境、日常生活等状态下的评估，通过定义的论述，认为评估的本质是回答“为了什么目的，根据哪些标准，由谁如何来评估什么”等问题；同时强调这些问题的深入分析，是评估专业性科学性的基本保障，且这些问题的回答很大程度上也对评估方法的选择和评估结论的得出具有重要的影响。本书 2.3 节梳理了决定评估情景的五个关键性要素——评估目的、评估对象、评估判断标准、评估参照对象和评估参与者，并依次对其展开分析。

对负责上海总体规划实施评估的规划师的访谈

问：请问，上海是如何开展城市总体规划实施评估的，采用了什么方法？

答：上海对《上海城市总体规划(1999—2020)》(以下简称“总规”)的实施主要开展过两次大的评估，两轮评估的契机不同。方法上主要以数据监测、比较分析、发展研究、趋势判断等为主。

问：那具体来说，这两轮评估的时间点和开展的原因各是什么呢？

答：第一轮评估是 2005—2006 年开展的，直到 2010 年结束。上海应该说是全国最早实施评估的城市之一。当时主要是源于两个因素，其中一个就是大事件的冲击。总规是 2001 年批复的，但 2003 年止，上海市发生了四件大事：一是世博会申办成功；二是建设虹桥大型综合枢纽的决策确定会影响城市中心区的偏移；三是地铁进一步网络化的发展；四是产业布局影响下的城镇布局的显著转变。因而当时市政府就希望能开展启动规划修编，以适应大事件的影响。然而由于总规刚刚批复所以没有得到中央的批准。那么评估其实也是一个退让的做法，通过对实施效果和发展条件的分析，提出一些尖锐的问题，以触动当时被忽视的一些观念上的误区，为观念转变、形成共识提供了基础。譬如，这一轮评估明确提出土地增量速度明显失控，要更改发展模式等。

问：听起来，相比当前《评估办法》中两年一次的常规性评估，这一轮评估是更原生性的，可以这么说吗？

答：的确是的，自由度更大，不死板，从评估的初衷出发，可以比较直接地提出一些尖锐的问题。除了评估现状实施与规划目标之间的不一致问题之外，也需要开展更前瞻性的、面向未来建设计划的决策研究。

问：那么第二轮评估呢？

答：第二轮在2013年开展，主要是为了修编，很明确，但不少结论还是依托了第一轮评估的基础，从内容上而言为了配合总体规划编制的需求，更全面地覆盖了方方面面。相对上一轮评估由专业规划师主导，这一轮决策者在其中的意志引导力比较明显。当然我们也引入了公众参与式评估。

2.3 规划实施评估的关键要素分析

2.3.1 评估目的：规划修改、发展监测和决策研究

规划实施评估是规划内容、方法、相关研究、规划实施、管理制度等方面理论和实践检验以及进一步发展的重要途径。只有通过实施的规划方法和内容才能看到实际的结果。只有通过结果的评估才能证明结果是否是需要的，是否是可行的，哪些地方是需要继续调整的。因而规划实施评估的根本目的是通过对结果的掌握和评价，发现并反馈规划行为开展过程中的问题，提供信息，最终对规划编制、实施和管理等起到校验、修正和改进的作用。

基于上述根本目的，实践中开展规划实施评估的具体目的客观上受到评估时间阶段的影响，主观上受到评估主体主观动机的影响，因而存在着三类不同的目的(见图2-9)：第一类，评估结论为规划目标和政策的修改提供指导性建议；第二类，在规划实施过程中定期(1—2年)开展评估，用于收集相关指标对应的数据，用于监测城市发展的方向和速度；第三类，在规划实施过程中开展的阶段性评估，往往在中途遇到事先未料到的大事件，或需要将规划目标分解成分步骤的策略，通过评估对未来决策提供研究建议。

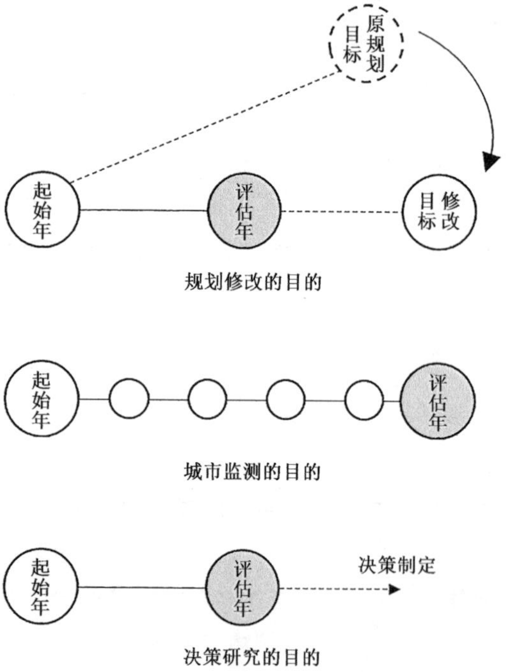

原规划目标
起始年
评估年
修改目标
规划修改的目的
起始年
评估年
城市监测的目的
起始年
评估年
决策制定
决策研究的目的

图2-9 评估的目的分析图

(1) 规划修改的目的

通过实施评估，发现发展现状与规划原定目标不适宜的方面，提出修改调整建议。实施评估不仅是为了评估实施和原定规划目标是否一致的问题，同时也包含了对原规划目标评估的工作。在后一过程中，规划实施评估被赋予了重新决策的功能，从而能为规划修改提供建议(Carmona and Sieh, 2004; Hull, Alexander and Khakee, et al., 2012)。然而在实践操作中，基于这一目的开展的规划实施评估，从专业视角看可能在评

估的逻辑先后中出现令人为难之处。若仅仅是为了规划修改的评估，设定了此前提之后，评估没有成为引导规划修改的支撑，却成为确定要修改规划之后主动寻求的所谓的“依据”。那么，如何避免评估不会陷入功利或任务型的误区，进而成为规划修改的工具？

(2) 城市监测的目的

属于技术层面的评估，掌握实时发展状态。与城市管理相结合，针对一些需要长期持续性实施的规划目标，例如北京中心城控规动态维护、北京东城万米网格管理等[①]，通过评估对过去的实施进展做出实时监测，以便管理和应对实施过程中的问题。评估在规划实施过程中相关参与者是否按目标要求完成了各自的任务、实施的情况和目标是否符合。这一类目的的评估，秉持了以目标为导向的评估逻辑，根据原定规划目标，或目标所分解形成的对应性指标，搜集和测量相关数据，实现对城市发展实时监测的目的。监测的时间周期受各地的技术水平、人力资源、数据处理能力等限制。城市监测目的的评估，除了帮助及时掌握发展现状以外，也通过逐年数据的积累更新，根据相对数量的变化值，形成对城市发展趋势的认知。

(3) 决策研究的目的

郑德高、闫岩(2013)最早提出以时间为视角看待评估的内容，从而将规划实施结果评估划分为实效性评估和前瞻性评估。前者关注的是从过去到现在，即对现状实施情况以及造成现状的实施过程进行回顾。而后者是从现在到未来，即根据现状发展背景和未来可能出现的新趋势，前瞻性地预测可能带来的影响，研究规划策略调整和政策机制制定的方向。前瞻性评估对应了这里所说的决策研究的目的，在评估中考量未来发展的需求和条件，将评估结果作为制定决策的依据。这一目的的评估注重往前看，一方面关注未来如何更好地落实规划目标；另一方面，针对城市发展中出现的新事件，或是面对区域发展的新条件，预估未来可能出现的发展情景，评估原定规划目标中不适应的部分，从而调整近期或中期的发展决策(Alexander, 2006)。

对北京规划实施评估负责规划师的访谈

问：请问，您觉得北京开展规划实施评估的目的是什么？

答：总的来说，我们开展规划实施的评估工作，主要是有这样不同的几类。

一类是在实施过程中的阶段性评估，那是为了发现问题，自我反思检讨，就像体检一样，起到对实施的纠正作用，与修编前的评估目的不同。不一定很全面，但是关注对重点问题的建议，例如2010年评估，在2008年金融危机后产业大量投放以及2008年奥运会，首钢搬迁等大事件背景下，有些大的决策判断。

(笔者注：属于上文提到的决策研究的评估目的)

另一类是国家法定要求的两年一次的实施评估。那就是对文本的逐条对照评估，以监测功能为主，有规定的内容要求，覆盖方方面面，偏任务型，反映规划实施的成效。相

---

① 北京中心城控规动态维护、北京东城万米网格管理等案例，为笔者在北京规划院实习、调研期间所搜集的信息。

对而言比上一类评估要死板些，但因为规划是针对每个城市定制的，因而评估也应该是。限定全国性统一的指标也不现实，至少应该是“惯式＋带有思想性的内容”的组合，更有活力、灵活，也应该是“定量数据＋定性案例”的结合。

（笔者注：属于城市监测的评估目的）

那还有一种呢，就是比较目标导向的，为了总体规划修改。由于最终结论呈交人大讨论，因而其中经历一轮轮的讨论、争议、辩论。相比第一类而言呢，结论的话语权就受到限制。

根据上述对规划修改、发展监测、决策研究等不同评估目的的阐释，得出不同的评估目的（见表2-6），在评估实践中形成相应的不同评估考虑因素、评估时间和评估动机等，这也影响评估方法的选择。和评估根本目的不同，评估目的事先由评估主体、评估条件等因素决定，是在价值导向下形成的基本假设，进而选择相应的参照对象，根据城市发展的规律和基本的经验性判断，得出评估结论。当然，评估目的的假设可以在评估过程中，根据数据和判断做出调整，例如以发展监测为目的的评估希望加强实施管理，但数据表明实施现状已经无法按照规划设定目标继续，因而就有必要进一步开展以规划修改为目的的评估。而评估的根本目的是不变的，都是为了更及时地反馈信息和做出合理的、改进调整的判断。

表2-6 不同评估目的的比较

评估目的	评估的具体特征		
	评估的参照依据	评估的时间点	评估的具体内容
城市监测	规划目标	规划实施持续的过程中	通过数据收集及时掌握城市发展现状，监督规划实施，确保规划目标有效落实
规划修改	城乡发展的初始状态和规划目标	规划目标年之前	剖析原有规划中存在的问题，调整规划目标
决策研究	具有重大影响的事件	新的发展背景下	根据发展背景和未来可能出现的新趋势，前瞻性地研判发展机遇，研讨新策略

2.3.2 评估对象：空间和非空间

关于评估什么的问题，在规划实施评估领域，评估对象主要有城市总体规划，以及作为支撑的专项规划、控规等。按其属性分为空间类和机制类。空间类的评估对象包括土地利用、空间结构、空间分布（可达性等）；机制类的包括规划实施的过程、政策机制的保障等；其他类型的包括人口、城市性质和定位、社会福利等。

此外，非空间要素也可以通过空间化的方法，使得有可能更具体细化地反馈不同地区的实施效果，从而引导差异化空间政策的调整。近些年随着技术的进步也有新的发展，例如英国学者探索将社会经济等指标落在空间上的评估方法（赵民，汪军，刘锋，

2013)。Talen(2000)、Rantanen 和 Kahila(2009)等认识到空间化结果对规划评估的必要性,因而引入了 SoftGIS 的概念,即运用社会学方法搜集多元相关利益体的反馈意见,并为代表意见的数据附加空间定位属性,从而建立 SoftGIS,SoftGIS 也被称为自下而上的 GIS(Bottom-up GIS)(Talen, 2000)。

不论是对空间或非空间的评估对象,都存在着需要对评估对象开展慎重的辨明解析的过程。因为城市规划实施结果是多种作用共同的结果(张兵,1996)。哪些是规划直接的产出(output),哪些是规划实施的成果(outcome),哪些是更广范围的影响(impact),成为辨析评估对象最重要的内容。此外需要辨析城市规划发挥作用的对象和范围,影响城市发展的规划类型。在城市发展中,规划只是局部的作用,可能由于被总体结果失败的现象遮蔽而被低估;也可能由于总体发展的成就高估了评估的作用价值。

对北京市中心城绿带地区规划实施评估规划师的访谈

问:请问,绿带地区规划实施评估(以下简称"绿带实施评估")涉及了哪些内容?

答:绿带实施评估我们采用从表及里的思路,从四个方面开展:一是规划方案的技术评估;二是规划效果的绩效评估,主要是指绿带实施中相关的人、地、房、配套设施、安置情况、产业类型等的评估;三是规划主体的价值评估,也就是公众参与式的评估;四是规划实施过程的评估,因为绿带地区是先有政策后有规划的,因而在实施评估过程中也更多面向政策和实施机制。

问:您提到绿带实施评估更多关注实施机制的评估,那这类规划实施评估在开展中,和一般面向空间的评估在评估方法上有什么不同呢?

答:空间的评估,一般就是把现状的人、地、房的数据和规划目标相比照,或者再做一些空间分布上的分析、未来趋势的预判等等,这部分在规划实施效果评估中也做了,但并不是评估的核心。就像目前绿带实施的目标说的,我们要把一道绿带建完,把二道绿带建好,所以实施过程的评估从技术、政策、机制、实施路径等方面提出可行的建议,这更为重要。所以我们会有案例的分析,团队的三个规划师安排到各区规划委员会、各级乡镇参与工作。

问:针对机制和非空间对象的评估,主要以案例等定性的评估方法为主吗?

答:是的,但也是定量和定性相结合。绿带实施评估中定量研究的一个重要用途,是针对政策中定量性指标的设计,例如补偿性奖励怎么给等等,另外也会结合空间,评估在一个实施单元内是否保持资金的平衡。

2.3.3 评估判断标准:事实和价值

事实和价值讨论的理论来源和已有研究成果,主要借鉴了西方价值哲学理论(Putnam, 2002;休谟,2001)中对事实和价值的定义和讨论,究竟是二分还是瓦解,"是"还是"应该"(郑林,2007;陈洪连,2009)。所谓事实的内涵是指可以根据检验来判断真伪,纯粹、不依赖人、有确定性的内容，哲学上用“是”来代表。而价值是指客体对主体产生的意义，依赖主体而存在，哲学上用“应该”来代表。

由于评估中的判断标准不同、判断的主体不同，可能得到的评估结论也会不同。上文提到的威尔逊定律事实上就是基于此提出的观点。因而根据什么判断标准进行评估是评估中的一项关键要素。由评估者对描述和测量获得的实施结果的数据做出判断。判断的标准有两类：一类是明确的事实依据，能做出相对客观、直接的判断，是能够被人认识的确定的内容；另一类是规划实施过程中利益相关者各持的价值，其价值因同一客体对不同主体产生的意义不同。当代政策评估的方法是建构在实证主义的基础上，提倡事实和价值是可以二分的，追求以“价值中立”的“专家治国论的世界观”(Fischer，2003)做出评估。

那么为什么要讨论价值呢？其原因主要有两个方面：一方面有些根深蒂固的问题，例如社会问题、环境恶化等常常会引发更多隐藏在背后多元价值统一性的问题，而不是关于目标方案是否完成的技术性问题(Fischer，1995)；另一方面，并不能简单地把价值中立、客观标准作为评估的标准，即便是指标化、定量化的标准，同样也是从评估者特定的认知体系中提取的。因而强调评估中的价值判断标准，其实也是明确了相应评估行为的选择和重点评估对象。梁鹤年(2004)探讨了价值和政策的关系，认为政策是有目的的分配利益的行动，而目的始于价值或者认识，因而政策研究的核心工作之一是梳理政策制定者自身的价值—政策关系与其他利益相关者的价值—政策关系，保证决策的结果和政策实施的结果价值平衡。

规划作为一项公共政策，其关键在于确认价值的性质、目的及利益的倾向，最终落实为对不同价值的资源的分配策略。价值标准的倾向性判断是规划实施评估中明确价值标准下的价值衡量，以及实施效益的分配方式的前提。

理性主义(梁鹤年，2009)或者说实证主义(Fischer，2003)认为存在价值中立的方法，通过量化或以经济学理论将价值转化为譬如市场价值的途径，对事实作出评价，这种方法是不具有主观倾向的理性判断。本书和费希尔等所持观点相同，认为这并不是说存在一种价值和事实相统一的状态(价值中立则能代表事实，因而价值和事实不再对立，而是统一)；然而，由于认识事实的过程也是带有价值引导的，可以取舍信息和选择参照对象，没有人能说个人的价值观和知识背景没有影响到对事实的刻画，没有主观主体能代表真实完整的客观存在，因而并不存在价值中立的绝对理性。

在不同主体认识和评价规划实施结果时，数据收集和评价的过程都会因主体的价值取向不同而发生偏差。因而本书认为，事实与价值的关系是因价值分配产生的，或者说因价值主体不同而形成的。在企图掌握事实的行为中，掺杂着主体价值的判断和引导，因而最后获得的是事实和价值组合的产物。事实与价值之间既存在区别又存在联系，既反对把事实与价值作形而上学的二分，又反对把事实与价值二者混为一谈。故而二者的关系不是对立与否的关系，而是以不同形式的混合的关系。本书通过第3章和第4章的定性研究，将二者关系梳理出五个层级，后文会具体阐释。对立与否的关系存在于不同价值取向的主体之间，在做出描述和判断时可能在结果上存在不同或矛盾。

(1) 事实型:数据测量

以事实为依据,例如用地评估的案例,将评估看成是测量工具,就像仪器的表盘或者一把尺子,将其用于显示数量的变化,提供指标对应的数量。而且往往基于事实依据的评估以定量化为主。具体来说,以事实为依据的评估参照的标准有以下几类:过去发展数据、相类似地区/城市的对应指标、规划目标、规范中的标准等。

对北京和上海实施评估中数据工作负责人的访谈总结

北京评估的数据基础

数据包括人、地、房、经济(来源于第二次经济普查的数据,可以分析就业中心等)、就业(街道尺度)等数据。数据年份为 2005 年、2010 年、2015 年和 2020 年。

存在的问题主要由于数据统计口径的不同,一是由于不同时间前后阶段统计结果不同,二是由于不同部门间采取不同统计标准。有些数据 2003 年(基准年)编总规没有,而到了 2009 年数据更多了且矢量化了;要素数据时间不配套,很难交叉分析;年鉴数据的尺度只到区县,街道数据只能通过数据加工得到。

上海评估的数据基础

上海设定了一年一次数据更新。操作办法是:首先由几十个人的"同盟军"(信息中心、测绘院)做年度报告,每半年测绘一次现状地形图,成员经培训后可以直接绘制现状用地图;其次,培训统计部门,增加调查选项,例如商务型楼宇、总部型楼宇,分析出行的需要;另外针对过去被忽视的数据,例如地下管线调查数据,通过设置制度(如新建的必须报批,否则不批)来搜集和填补数据的空白。

(2) 价值型:经济效益、社会效益、文化效益、生态效益、政治效益

以事实为标准的评估其实是一种寻求价值中立、以科学的基础和技术性的研究作为手段的理想模式的方法。有学者认为这样做出的判断是狭隘的、机械的、刻板的概念,过度依赖技术,并坚信技术工具和定量模型的适用性(Fischer,1995)。此外,张兵(1998)认为,评估规划的实效性时,由于受到多个方面目标的影响,得出的评估结论可能是相互矛盾的(例如环境保护与经济增长)。以美国区划制为例,最初为协调公共与私人、私人与私人利益起到许多积极作用,但却引发了社会阶层隔离的问题。规划实施带来的积极和消极的影响往往同时存在,因而做出综合或绝对中立的评判是相对较为困难的。

在政策评估研究中,Fischer(1995)提出了将事实和价值整合形成更系统化的分析模式(见图 2-10),判断政策目标对社会整体的某一方面价值是否有贡献。不仅如此,评估在确立了价值判断后,对实施结果的对应专项指明了重点针对性,这更有助于在考虑轻重缓急和主要矛盾的基础上,做出评估判断,对决策提出调整建议。

以政策评估的理论成果为基础,在城市规划实施评估领域,确立价值判断标准,也有助于城市规划更有重点地提升城市经济、社会、文化、生态、政治等方面的多元价值。但往往在评估中会出现多元价值标准之间存在冲突。不同发展阶段,针对不同规划专项,可以博弈取舍相关的价值标准。因而有必要依据问题的主要矛盾,首先确立主导的价值

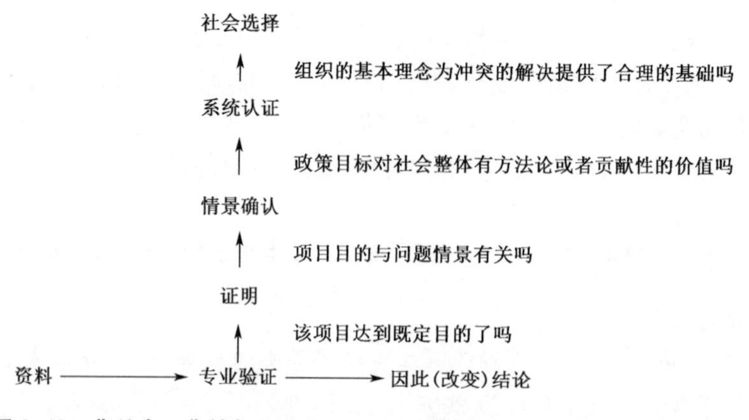

图 2-10　弗兰克·费希尔(Frank Fischer)政策评估方法框架(Fischer，1995)
参考费希尔(2003)翻译

标准。例如赵民等(2013)从社会和公众价值的视角出发,认识到实施效果外部有效性的评估难度,采用测定实施影响力(公众对于总体规划的认识及其实施的满意度)的方法,具体运用定量和定性相结合的方法,向参政代表、政府官员和市民等多元社会群体进行问卷调查。

Söderbaum(1998)根据价值判断标准的多元性提出了"高聚合度""中等聚合度"和"高离散度"的评估方法。其中高聚合度是指,例如成本-收益分析的评估方法,将规划目标的影响统一为价格的量化标准。中等聚合度的方法也使用单一定量指标,但测算整体功效,反映一个判断标准下实施的综合成效。高离散度则关注不同利益群体受规划实施的影响,分别展开评估。

对英国伯明翰市(Birmingham)规划师的访谈

规划编制事实上是一个循环的过程,因而规划实施评估在其中尤为重要。地方规划常常在编制时要求方方面面的发展都完完全全设定好目标,安排计划妥善,但这样的要求有点过高。目前以伯明翰为例,我们在规划体系改革中,做的工作是编制一个战略性的空间规划框架,这是一个可进化的规划,每年有一个更新,这样的话,监测评估在其中发挥的作用就更大了。这一改革转型更为现实,同时有助于在资源短缺的情况下规划编制的开展,以实现阶段性最优化。

评估,包括了信息的搜集整理和根据信息作出判断两个过程,因而是为规划编制提供事实依据和价值博弈的准备,以达成规划编制时的共识。就像我们想让规划目标是一个正确、全面、完美的引导方向一样,我们常常也希望评估能绝对客观、中立,企图通过指标、量化、计算来实现,但其实依然很难。即便是量化体系也是评估者从他的认知体系中提取的,也有主观性。

所以我们并不寄希望评估得出一个全面、一成不变的真理,而是在一个阶段中,各方利益相关者在充分的价值博弈下,形成的可递进式的、有针对性的评估结论,取得思想共识。

2.3.4 评估参照对象:一致性和有效性①

我们谈到所谓对规划实施成效的评估,那么,其中就包含了“成”和“效”两个方面。评估的本质其实是比较,通过比较得出实施结果孰优孰劣的判断,而优劣判断的关键在于找到基准对象进行比较。在可掌握的数据和信息条件下,可作为基准参照对象的主要有以下三个状态:一是现状年状态,二是规划年状态,三是目标年状态(图 2-11)。一致性比较是将规划看作空间资源分配的工具,回答“实施是否符合规划”的问题,通过趋势推测、插值等方法得出目标参考年 A_1'的状态,将其与现状年状态 A_1客观比对,作出一致与否的判断,属于相对简单的技术工作。而有效性比较更多地将规划看作公共政策,借鉴政策评估的方法,回答“实施是否优化了城市发展”的问题。通过多元价值观的主观权衡和理性评判,如经济效益、社会效益、政治效益等,比较现状年 A_1和规划年 A_0的优劣。

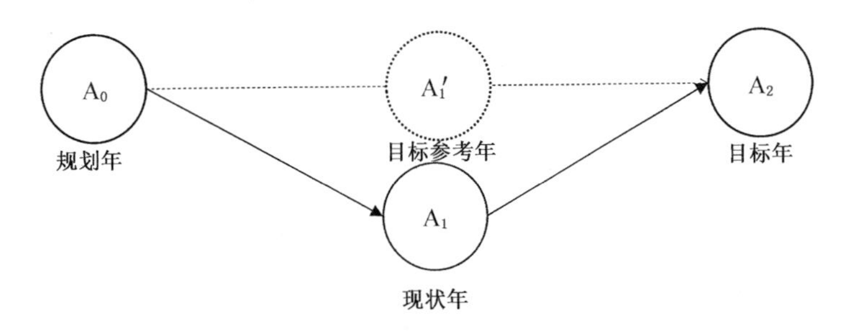

图 2-11 规划实施过程中相关参考年的分析图

在一致性和有效性分类的理论基础方面,规划实施评估理论研究代表学者 Alexander(2006)将评估分为一致性评估(Conformance-based)、有效性评估(Performance-based)和功利主义评估(Utilitarian)三类。贺璟寰(2014)通过研究荷兰规划实施评估方法,将方法分为“规划—现状”一致性的评估方法和基于表现性能的评估方法。龙瀛等(2011)认为规划实施评价主要包括:实证角度回答规划实施产生了什么影响的问题,以及规范角度评价基于特定的价值观这一影响是好是坏的问题。

评估研究中基本形成了因参照对象不同,将评估分为一致性(目标-结果)和有效性(原状-现状)两类的共识,并且学者们认为正是这两类评估的“难解难分”导致了评估判断的难度。在 Vedung(2010)看来,评估的核心难题是,既要发现政策推行过程中的问题,以及政策本身存在的需要调整的方面。张兵(1998)认为,一方面,规划可能不适应多年后的发展现状,规划目标本身需要作出调整,然而如何调整确实不明确,但如果因此随意地做出调整的判断,有“瓦解规划的权威之嫌”;另一方面,编制规划的规程也是通过严密调研和科学论证的过程实现的,但似乎并不意味着就能够理想地解决现实问题,或者解决的效果并不尽如人意,这也不得不令规划师质疑技术方法的“可靠性”。

① 本节部分内容来源:徐瑾.城市规划实施的一致性和有效性评估[M]//李锦生.中国城乡规划实施研究.北京:中国建筑工业出版社,2015:50-57.

(1) 强调一致性

Wildavsky(1973)并不考虑实施过程中可能的不确定性因素,并以此作为整个评估框架的前提条件,将结果与规划方案的契合度也就是规划实施结果与最初方案的对应程度,作为对实施评价的依据标准,但 Alexander 和 Faludi(1989)评论其理论仅仅是一个"稻草人"。

(2) 反对单纯的一致性

Alexander 和 Faludi(1989)认为受不确定性因素的影响,规划实施结果与方案之间的偏差并不一定代表了规划是失败的。龙瀛等(2011)指出空间一致性评价的局限在于,只描述了规划实施效果的情况,并没有讨论影响空间变化的影响因素或者说驱动力,也没有对规划控制空间发展的时间变化做出对比分析。刘建邦(2013)也认为规划实施评估不应只以规划实施结果与规划目标的吻合度作为评价实施效果的唯一标准,还应注重公共利益、规划意图等在实施效果中的反馈。

(3) 反驳一致性也存在必要性

张庭伟(2009)虽然也认同规划实际实施过程中,受到开发者和各级政府的博弈,投资者和政府领导是决策者,而规划师对于城市的理想化用地安排的影响有限,但不应以此就质疑一致性评估的必要性。他认为接受过专业训练的规划师通过严谨分析提出的城市发展方案和为实现发展目标的实施路径,理应是有效的。如果无视这一前提,任何时候都认为规划无法控制城市的发展,那么规划存在的价值又何在?

(4) 强调有效性

以 David Harvey 为代表的政治经济学学派更强调价值判断层面的评价。他们认为,不首先确定规划的价值倾向、规划的正当性、公平性等问题而直接对比评价好坏,在过程上是不理性的。规划实施评估不应只是真实的,更应是正义的、理性的。我们已不再将规划图纸看成是城市发展的终极状态,在这个动态过程中,因而也不能仅局限于机械地通过图纸与现状的一一比照来评估规划的实效性。Alexander(1992)和 Talen(1996a)都认同规划是否实现目标不是核心,而是否提升了整体社会和社区的价值更重要。王伊倜和李云帆(2013)也认为规划目标和结果之间并不可能完全一致,即便二者完全一致也并不意味着规划实施的成功,这也是评估研究过程中对更多元的绩效评估日益重视的原因。

(5) 矛盾和争论点

规划实施成效的评估,不应当以"成不成",即目标是否实现作为评估的唯一标准。然而,如果完全不关注"成"的问题,不关注规划目标本身,如何科学而有说服力地评价"效"的问题,规划本身的严肃性和权威性又如何彰显?

2.3.5 评估参与者:政治主导、专家政治和社会参与

关于由谁来评估的问题,原则上,评估参与者可以简单地分成内部和外部两类主体。内部评估是指由规划编制或规划实施管理的同一部门来完成,通常是政府、地方规划院等带有更多服务政府和政治主导色彩的部门。外部评估也就是我们常说的第三方评估,

有另一个独立的机构进行，通常可能是规划院、高校、咨询公司等机构，由专家领导评估团队开展。这其中还有第三类参与主体，这类主体由评估者组织协调的社会公众参与，例如通过方法问卷、组织听证会等形式。

另外，由于不同的评估参与者能获取信息的渠道和结果不同，评估方法的设计与实施过程也能给予或剥夺评估参与者、利益相关者的权力。若把评估看做是信息搜集的过程，那么获取和提供的信息，也将影响评估结论和下一步决策的制定。

规划作为实施的目标，如果这个目标不被众多利益相关者共同追求和认同，那么也没有实施的必要。因而，评估的参与者也是共同追求规划目标的利益相关者，也是多元的，评估的过程也是参与者们多元价值观碰撞协调的过程。评估以各种方式把参与评估的利益相关者组织在一起，无论是规划编制主体、规划实施主体，抑或开发者都会介入其中，因而也会直接或间接地给评估者带来压力，使得评估结论尽可能朝着参与者希望的方向，给结果带来一定影响。

(1) 政治化的主观性引导

由政府和地方规划院主导的内部评估属于以政治主导者为评估主体的类别。其优点是由于掌握一手的资料，了解地方情况，所以相对而言评估可以迅速并以最小的消耗完成。但同时，内部评估也存在缺乏独立性，过多受政治意志的干扰，评估结论容易过于功利性导向等质疑(Stockmann and Meyer,2012)。

Stockmann 和 Meyer(2012)认为，即便是由独立的机构来开展评估，评估方法和结论在科学的象牙塔里被隔离起来，不受政治化的影响，坚持中立的价值观，也是很天真理想化的假设。一方面，评估需要作为科学和事实依据的呈现，保持客观和中立；另一方面评估又作为应用性的方法，需要与政治、社会等因素充分融合，但从科学研究的角度看会常常被质疑。因而可以认为，评估方法的选择受到政治和科学的两方面力量的挟制，处在“左右为难”的境地，在科学和政治的夹缝间寻求生存。

对于规划实施评估而言，科学是什么，政治是什么，关系界限是“暧昧”的(Guba and Lincoln,2008)。例如，Stufflebeam 提出的评估方法和背景—投入—过程—产出(Context—Input—Process—Product,CIPP)评估框架是以应用(Use)导向为特征的(Stockmann and Meyer, 2012)。Stufflebeam(2007)认为，评估最重要的目的是反馈和改进(Improve)，不在于判断和证明(Prove)。因而评估的概念应该是广义的，不仅仅局限于判断目标是否达成，而也应该提供信息，有助于规划方案的管理和在必要时做出改进。这和决策者在开展规划实施评估中的目的有很大的契合。评估应当适应决策者的不同需求和决策情景，以确保满足决策者的信息和数据需求。

其次，和后文所提出的第二类评估主体(专家式的技术化尝试)不同的是，Stufflebeam 不苛求所谓的价值中立和工具理性，也不通过传统的与目标比较的方法评估结果。因而，Stufflebeam 提出评估不是一个理论思考和定量计算的结果，并不是说不需要开展理论思考和计算(尽管 CIPP 评估框架以定性描述为主要评估手段，但具体步骤中也将定量数据作为评价依据)，而是更注重与决策层沟通的过程。与实践的交流是他所提倡的评估理论的重要基石。但同时，他又提醒评估者要谨慎处理与评估参与的利益相关者的关系，正当诚实地做出评估判断。

(2) 专家式的技术化尝试

技术专家治国论是来西方社会的重要思潮，主张由具备科学技术的专家来主导社会的发展，甚至有时会将专家神化为上帝在人间的代表(蔡海榕，杨廷忠，2003)。专家主导的技术化尝试宣称自我代表了价值中立和客观正义，强调事实和价值分离。由特定选择的某一领域的专家来开展，通过从城市发展的复杂系统中抽取子系统独立分析，往往会采用量化的技术手段不断优化，运用指标、定量计算案例、专家打分等方式，追求方法更高效更科学。然而，专家政治的世界观，完全用技术的手段来解决问题，这其实也是一种狭隘的思想见解。所谓的技术精准也并非是百分百的，例如指标体系的选取是建立在专家的知识体系中的，尤其是专家打分式，又例如借助模型的手段评估和分析实施差异造成的因素时，模型的建构也同样是基于一定的假说之上的。因而试图追求绝对的价值中立，用量化的思路贯穿一切，也受到一定程度的质疑。

(3) 参与式的社会性挑战

关于评估参与者讨论的访谈记录

北京规划师：目前评估还是主要面向政府的，甚至是开发商的，尤其是类似绿带的实施，其主要目标是实现政府的资金平衡。但慢慢地，评估也反映出政府应懂得兼顾些什么，懂得让利，减少收益。评估的作用就在于此，通过展现问题而取得共识。例如我们做用地评估，用数字呈现规划实施的难度具体在哪里，例如可能出现局部片区无法实现规划目标的情况，则需要跨区的财政支付转移，因而从这个视角向政府决策提出措施建议。

上海规划师：主要有四类。一是所谓自娱自乐的年度报告，规划技术部门的数据储备；二是第三方评估，但往往数据共享是个问题；三是政府主导的评估，往往需要跨部门协作，例如文化部门提出文化设施的评估，仅仅评估空间布局还是不够的，还需要评估文化氛围、设施的串联使用、空间的文化感等等；四是公众参与，上海在这方面是走在全国前面的。

英国剑桥规划师：评估参与者是多元的，且彼此关注点不同。在政府负责人眼中，专家评估采用的指标定量化模型往往不受重视。

在规划决策调整前引入规划实施评估，意味着评估不可逃脱地被卷入与决策相关的政治斗争中，因而，应在参与者中明确主导者，以批判性的态度与政治保持一定的距离，例如采取参与式的社会反馈、公众满意度测评等案例。

2.4 本章小结：评估方法与评估要素相关

本章是对规划实施评估方法的研究，阐释的思路见图 2-12。具体来说，2.1 节和 2.2 节对“是否存在一个最优的标准化规划实施评估方法”的问题做出了解答。根据评估方法形成的三个来源——经济学、公共政策评估、评估学的研究成果，规划评估的理论研究，实施评估方法的实证研究，梳理各类规划实施评估方法的演变历程。规划实施评估经历了对其认识从简单到复杂的过程，评估方法从最初的运用价格量化的单一标准处理，到对其受环境、人为意志、价值取向等复杂性要素影响的多元认识。

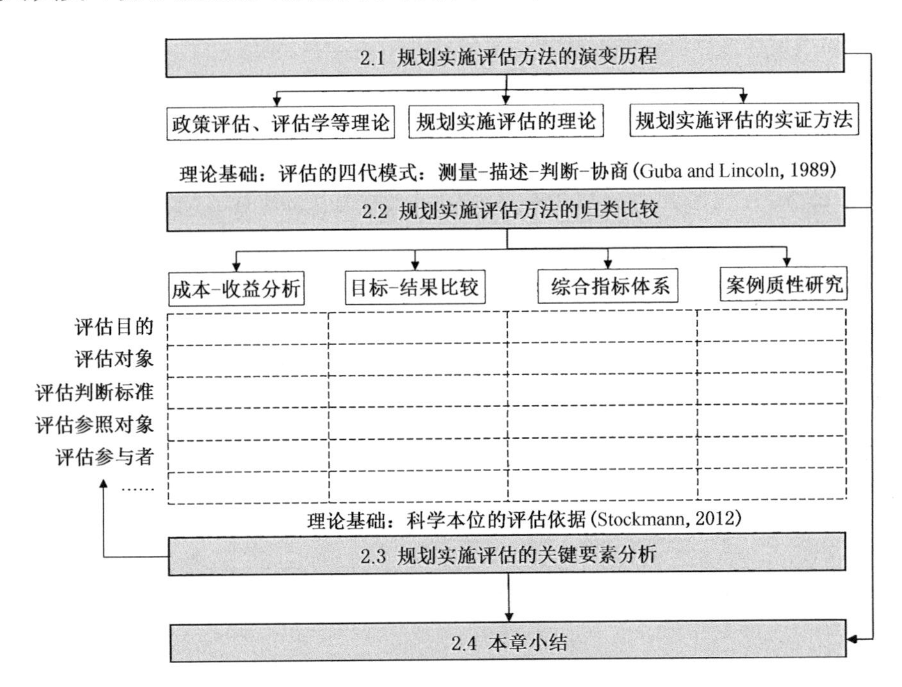

图 2-12 第 2 章的论述框架

2.2 节将已有的评估方法按照“测量、描述、判断、协商”的分类逻辑分为四类方法集：成本-收益分析、目标-结果比较、综合指标体系和案例质性研究，并比较了不同方法在不同案例中的优劣和适用性。2.2 节得出不同方法背后所蕴含优劣评判标准是不同的，因而针对不同评估和解决问题的需要，要设计适用于不同情景的评估方法。此外，通过对威尔逊定律的讨论，得出评估参与者的立场、评估的目的等可能影响评估方法的选择，以及评估所依据的数据和信息的选择，从而影响评估的结论。

在评估学理论基础上结合规划实施的研究，筛选出决定评估情景的五个关键要素。“为了什么目的”“评估了什么内容”“以哪个状态为比较标准”“以什么价值判断为主导”“由谁来评估”等问题的深入分析，是评估专业性科学性的基本保障(Stockman and Meyer,2012)。因而 2.3 节中提取并分析了形成不同评估情景的五个关键要素，如下：

(1) 评估的目标：开展评估为了达到什么目标？为实现目标需要完成哪些具体的评估内容？

(2) 评估对象：是物质空间，还是实施机制，还是非物质空间？

(3) 参照对象：是规划目标，还是原始状态？规划实施结果符合规划目标的要求，是否就能判断规划实施得好？反之呢？规划实施结果比初始时有改善提升，是否就能判断规划实施得好？反之呢？

(4) 评估的判断标准：是基于事实依据的判断，还是基于经济效益、社会效益、环境效益等价值的判断？

(5) 评估的参与主体：是客观存在，还是主观意志？是专家政治，还是公众参与？

以上2.3节的分析为第3章、第4章展开第二个研究问题"评估要素是如何影响评估方法的选择"的解答做了重要的铺垫，也提出了一些问题，希望通过基于实践的分析寻求答案。

综上，本章将规划实施评估技术方法分为四个方法集，并提出假设：不同情景下存在评估方法选择的路径，其中五类评估要素是决定评估情景，进而影响评估方法选择的关键性要素。那么，究竟这五类评估要素是如何影响评估方法的设计和选择的？是有先后层级的，抑或是疏导分流式的？换言之，是否存在各要素和方法之间的方法论模型 $\text{Evaluation} = F(a, b, c, d, e, \cdots)$ [①]？笔者在后续章节中基于实践的研究中试图寻找并建立方法和要素这二者的联系，具体分析中国和英国典型城市已开展的规划实施评估案例。

---

① 第1章中对此方法论模型 $\text{Evaluation} = F(a, b, c, d, e, \cdots)$ 有具体说明，其中 Evaluation 代表规划实施评估的方法，a, b, c, d, e 等代表影响方法选择和设计的评估要素，F 代表映射关系。该模型认为，在特定的评估要素给定的条件下，可以根据评估要素对方法选择的影响及相应的映射关系，最终得出最适合的评估方法。

3 基于我国城市规划实施评估实践的研究

3.1 规划实施评估的实践工作

3.1.1 2001年:实践的开启

刘成哲(2013)将我国规划实施评估的实践分为三个阶段:其一是以规划的回顾和总结为主,主要在2000年前;其二是理论探索阶段,即2000年至2008年;其三是评估的法定化阶段,从2008年《城乡规划法》颁布以来,规划实施评估逐渐从深圳、上海、北京、南京、杭州等城市,向中小城市、小城镇,甚至社区推广,形成一个规划实施评估开展的小高潮。

我国在规划实施评估方面的探索,最初始于2001年的深圳市。深圳市的探索源于其推行的五年一次的近期建设规划的"动态"更新的尝试。

《深圳市城市总体规划(1996—2010)》(以下简称《1996年版总规》),在2000年底完成了第一个五年实施期限,于是市政府和规划负责部门为了开展第二个五年的近期建设规划(2002—2005),主动组织开展评估,并在半年内即2002年,完成了《深圳市城市总体规划检讨与对策》(邹兵,2003)。评估中认为,《1996年版规划》自审批实施以来,尽管规划编制获得了国内外多项荣誉,受到了多方专家的认可,但实际建设成果依然存在着不尽如人意之处,并且除了长期(至2010年)的规划目标,未来近5年内的发展尚存在不确定性。综上契机,深圳成为国内第一个开展规划实施评估的城市,评估报告分别从专项和下级规划的协同性、实施部门的协调性、实施政策的保障性、实施投入的支持性等四个方面做出了中肯的反思(邹兵,2003),为深圳下一阶段的规划实施和城市发展引导了方向,也为此后其他城市开展规划实施评估实践以及理论界的探讨奠定了基础。

2001年深圳市《深圳市城市总体规划检讨与对策》所发挥的作用和价值,使得这一开展评估和推进"动态规划"的变革得以继续延续。因而到了2005年,深圳市第二次结合近期建设规划的编制,开展了检讨和系统评估(深圳市城市规划设计研究院,2001)。深圳市城市总体规划、近期建设规划和规划实施评估工作,在时间上已基本形成了动态循环、互相促进的体系,见图3-1。图中,时间轴上的圆点代表开展规划实施评估,或者说深圳所称的检讨反思的时间点。此外,在内容上,规划实施检讨和对策与近期建设规划的内容直接形成了互为反馈的良性关系。

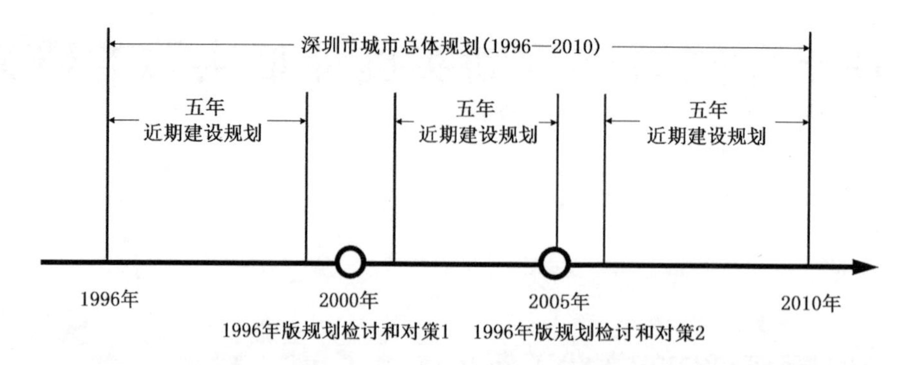

图 3-1　深圳市城市总体规划、近期建设规划和规划实施评估的时间关系

此后,例如北京、上海、广州、天津、杭州、南京等城市都开展了积极的尝试(见图 1-3)。2003 年广州市政府组织规划实施的“总结研讨会”,邀请了参与规划编制研讨的吴良镛院士、周干峙院士等专家学者,各规划院以及住房和城乡建设部、省住房和城乡建设厅、香港规划署等部门领导共同参与讨论(陈勇,2004)。专家学者和各规划院通过对广州实地的参观考察,对实施效果做出了分析和完成相应报告,为形成《广州市城市总体发展的回顾与展望》奠定了基础。2004 年天津市组织总体规划实施评估,对《1996 年版总规》的各项内容进行了全面的实施分析,其目的主要是为了配合总体规划修编工作。

2008 年《城乡规划法》颁布,正式规定了规划实施评估工作作为一项政府常务性工作的法律地位。2009 年住房和城乡建设部制定颁布《城市总体规划实施评估办法(试行)》(以下简称《试行办法》),明确了评估工作作为政府的一项法定职责在城乡规划体系中的重要地位。其中规定了实施评估的两年一次的周期、七项主要内容等。

对原住房和城乡建设部城乡规划司规划师的访谈

问:请问《规划实施评估办法》的起草背景是什么?

答:当时实际上是新的城乡规划法出台后,对总体规划、控制性详细规划的修改,必须要定期评估,对于评估不适应的情况,可以修改。因此当时的评估,更多是规划修改的前置条件,是政策性支撑。所以当时的评估暂行办法,是自上而下审查主体关注什么,没有技术性、实施性的内容,并没有对一个城市规划执行全面性的认识、检讨和反思。但近几年在深圳、广州、上海、北京等大城市的引领下,评估本质的价值被越来越多地认知。

根据上述法律法规的要求,我国现阶段分为两个类型的规划实施评估,分别是短期两到三年的监测性评估和中长期的全面性评估。全面性评估在各城市开展主要是为了规划的修改或下一轮编制,因而程序严谨且有明确的规定,主要有如下四个阶段:第一,政府向总体规划的审批部门提出申请;第二,由规划管理部门委托第三方单位或规划编制单位进行具体评估,并提供数据支持;第三,评估负责单位完成事实数据整理和结果分析等内容的实施评估,并形成成果;第四,向行政主管部门或本级人大审批汇报评估成果。

在以上的四阶段评估工作中，主要有三类主体在不同环节中发挥着不同的作用。城市总规实施评估的管理主体包括上一级的规划行政主管部门，责任主体是负责和组织规划实施评估工作的核心机构以及地方人民政府和规划主管部门，承担具体开展和编制工作的评估主体是规划编制单位或第三方单位。

3.1.2 各地实践的特点分析

本节分别从上述三类主体的视角国家级规划行政主管部门、各地评估责任部门以及规划设计研究机构等评估主体取样开展调查访谈，基于内容分析得出各地评估实践的基本特征。

首先，除了中央的《试行办法》外，各地对实施评估的具体要求和落实指导是相对欠缺的。大部分责任主体都提出省一级管理主体缺少在内容和方法上的细化要求和指导，或只是增加了少量评估内容、时间周期和流程等方面的工作说明。极少数例如重庆、广东、山东等地专门颁布了省一级的规划实施评估办法，对编制周期、评估成果要求做出了较详细的说明。

其次，现阶段我国不同地区开展规划实施评估工作尚处于初级阶段，由于各个城市发展阶段和规划编制力量的不同，评估工作质量也存在较大的差异性。绝大多数城市规划管理部门对规划实施评估的认识有限，在实际工作中以城市总体规划的修编为目的而开展实施评估的城市依然占了大多数，往往导致了很多规划管理人员也形成了这样的误解。仅仅为了批准规划修编而做的任务性评估，实际工作中对其必要性远大于对其重要性的认识。这也体现在相应的评估报告中，针对上版规划的负面评价占了绝大部分，而针对实施的评价内容很少。相比而言，北京、上海等城市的城市规划体系和城市管理相对成熟，对规划的修改较为慎重，在评估工作中认真反思了实施中的问题、发展中的变化和未来的新趋势。

由此可见，城市总体规划实施评估的初衷是保护规划的严肃性，在法律上增加了一个环节，规定为规划修编的必要条件，然而却在实践中已逐渐成为“推翻”上一版规划、编制新一轮规划的“帮凶”。与其说是规划实施评估报告，不如说是规划修编的必要性论证报告，严重违背了设置评估环节和赋予其合法性的初衷。

上述误区一方面反映了我国各地对规划实施评估的认识不足、重视不够；另一方面也反映了由于评估系统性指引的缺失和地方能力的限制，开展科学系统的评估工作的确存在工作难度。调研结果显示，受访对象指出了如下几项评估难度：细化明确的评估方法和成果标准缺乏、统计数据和资料欠缺、相关部门合作不畅、空间信息不系统、评估耗时长等。

关于评估内容对住房和城乡建设部规划师的访谈

规划实施和时代背景有关，与在计划经济时代国家的强力执行下相比，在市场经济时代，市场发挥主导作用，有一半能实施就不错了。所以值得探讨的是什么是刚性的或者说固定的，比如维护公共利益的公共设施等；什么是弹性的。这一问题就会影响究竟评估什么的问题。

比如我们现在希望做的是，能够通过遥感监测四线（强制性内容的要求）。涉及强制性内容的规划修改，需要报批，提交评估报告，其他可以由地方自主调整，或者可能以类似政府工作报告的形式开展年度汇报。另外，比较弹性的是可以加入形势分析，提出对未来发展的新思路。

关于评估周期，从3.1.1节中广州、深圳等开展评估的案例中可以看到，开展规划实施评估最快也至少需要半年到一年，考虑到《试行办法》中两年一次的要求，可能耗费了大量人力物力但得出的评估结论的有效时间只有一年（陈有川，陈朋，尹宏玲，2013）。部分地区沿用《试行办法》的“原则上两年一次”的规定，其他多数省市采取五年一次开展评估。具体来说，北京、上海、河南、江西建议五年一次的评估周期；湖南、宁夏等建议三年一次；广东则建议地级市及珠三角地区城市按每两年评估一次，其他地区则每三年一次；福建、内蒙古、甘肃和宁夏按照《试行办法》要求每两年一次。

对原上海市规划和国土资源管理局规划师关于评估周期的访谈

上海的评估是五年一次的，也和近期建设规划相关，后来又和政府任期调整一致。政府任期为2002年、2007年、2012年、2017年，原来近期建设规划是五年一次2005年、2010年、2015年，后来调整为2005年、2007年、2012年，这样使得近期建设规划更能发挥作用。

两年一次的问题是，一方面对于发展相对成熟的城市，不是所有评估内容都能在两年内发生明显变化，开展一次评估毕竟会占用资源和精力的投入，而且考虑到政治环境对规划实施的影响，评估周期与政府任期不符的话，其作用也并不大。

另一方面，从实践的角度看，如果只是数据监测，可以采用持续的年度追踪，借助数据统计的先进技术，这对评估工作而言很重要。但更新人口、经济、用地等关键性数据，又只是评估的一部分，并不等同于评估。

总的来看，我国现阶段规划实施评估工作相对零散，各地评估工作质量良莠不齐。法定要求中规定把评估作为修编前的必要程序，是为了保证规划的严肃性，但实际中大部分城市的评估以城市总体规划的修编为主要目的，违背了实施评估的意义和价值。此外，缺乏明确的评估方法和技术路线、缺乏数据基础等也为评估工作带来难度。

基于对各地实践的调研访谈，初步可以归纳出三类主体对我国开展评估工作的五条建议。第一，评估中应当明确评估对象的时间，例如规划年、现状年、目标年，以便做出客观比较。第二，现阶段评估工作的难点是缺乏长期数据的积累，这导致评估结论主观色彩重、目标导向性强，例如《试行办法》中提出评估的七大方面，地方评估工作中用相对定性、模糊的词句描述城市发展现状，并没有发挥评估揭示问题的作用和体现评估的客观科学性。因而建议规定评估项目的同时规定需要统计的数据和形成的图表，以便沉淀数据库。第三，目前对城镇体系规划和城市总体规划的实施评估形成了明确的法律规定和指引性的程序要求，将来对其他类型的规划实施评估也应当予以更多重视，因为其他规划的评估是总体规划实施评估的重要依据。第四，建议地方评估办法中需要明确评估工作的责任主体和评估主体。第五，鉴于不同城市的特性，规划和评估都应是基于现状而特别订制的，可以有全国性统一的导则，但也要鼓励发挥地方思想力和自主性，要求不应过于细节和死板。

3.2 规划实施评估的技术方法

3.2.1 研究方法和数据搜集

一方面，以“规划实施评估”为关键词检索，从检索结果中筛选不包括土地利用规划的实施评估、属于城乡规划学科和地理学科的相关期刊和学位论文。另一方面，通过走访调研等方式，搜集各城市已形成的规划实施评估报告，共获得 76 份各地的规划实施评估报告，详见附录 C。本节将基于以上评估报告，通过内容分析法和扎根理论的理论抽取方法（详见 1.4.1 节），对每个城市开展评估的关键要素和对应的评估方法进行分类梳理，分析其中评估要素和方法的关系。希望通过系统分析城市规划实施评估实践的内在规律，认识评估中的问题和局限性，寻求评估方法论和评估要素的关系，建立评估方法选择的路径。

北京、上海、重庆、浙江、江苏、广州、山东等地区搜集到的评估报告较多，其中超过 80%为总体规划实施评估（见表 3-1、表 3-2），这与 3.1 节通过抽样问卷和访谈所获得的信息大致相同。

表 3-1　评估报告的城市和类别分布表

省份	数量/份	省份	数量/份
安徽	5	山西	1
福建	1	陕西	2
广东	5	四川	1
贵州	1	天津	3
湖北	5	新疆	1
湖南	3	云南	1
江苏	6	浙江	7
江西	2	重庆	7
内蒙古	4	北京	8
山东	6	上海	7

表 3-2　面向不同规划类别的评估报告统计表

序号	类别	数量/份
1	城市总体规划	33
2	县总体规划	8
3	镇总体规划	2
4	片区总体规划	7
5	近期建设规划	1
6	控制性详细规划	3
7	专项规划	6
8	其他	1

3.2.2　评估方法和要素分析

根据附录C的评估报告的统计，本节分别讨论76份报告中所反映出的评估方法和评估要素的类别比例。

(1) 评估方法

首先，四类评估方法是单独或综合使用的。第一类是目标-结果比较的方法，约72.1%的报告中把这种方法作为基础方法，见图3-2。因而，我国开展评估实践还是较为尊重原目标的。只是在当与原目标不符时，并不注重原因的剖析，而是常常认为目标本身不符合城市发展的新环境，需要作出调整，有待商榷。

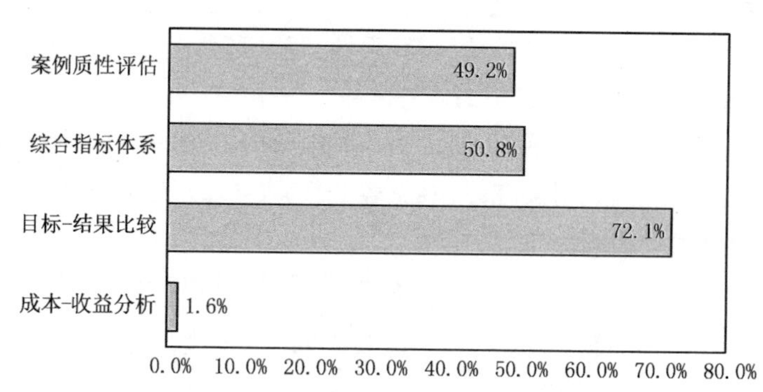

图 3-2　不同评估方法的使用频率统计

其次，综合指标体系的方法在报告中占50.8%，较常用，然而通常指标的设置比较混杂，通过层次分析法附加权重，经专家打分等方式最终得到一个总分。有的指标是以事实为依据的，例如建设用地新增面积的实现度，但有的指标是带有主观价值判断的。不同评价标准的指标能否简单地附一个权重后综合在一个评价体系中？如何通过加权求和体现价值的平衡？一个综合的评分，是否就代表了实施的成效？这样的评估结果，对下一步规划策略的调整有多大意义？以上都是一系列值得质疑和思考的问题。

(2) 评估目的：审查实施结果和规划修改为主要目的

70%以上评估报告的目的中提及了审查实施结果，而超过50%的评估报告明确提出是为了规划修改(图3-3)。以审查实施结果为目的的报告，往往采用事实依据为基础的比较方法评估。而以规划修改为目的的报告，往往对实施结果的优劣作出相应的价值判断。往往在这个评判过程中，评估方法的专业性有待商榷。这些报告回避了实施过程中由于缺乏实施的严肃性而带来目标偏离的甄别，而是以目标为导向，论证原目标如何不能适应现实的发展，应采用什么样的新目标。此类仅关注于论证当前新目标的合理性的评估，并非规划的本意。

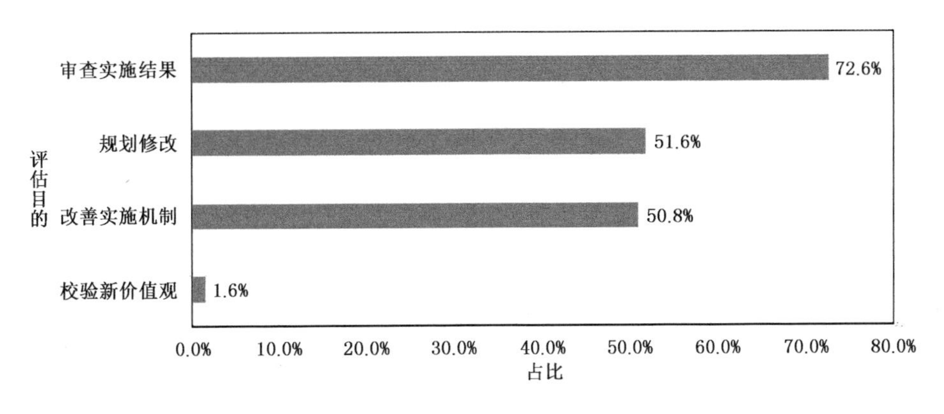

图 3-3　评估目的的统计结果

事实上，规划实施评估和修编建议二者是有区分的。评估注重事实的监测和描述、过程的追溯，以及不同价值判断下的对应评估，但修编的意见是价值博弈的结果。将评估结论作为规划调整的意见支持，其逻辑原本是这样的：基于规划实施和城市发展过程中，不同价值判断下对规划实施成效的评估，反映不同利益相关者的立场。决策者依据评估结论，权衡不同价值间的博弈，最终确定政策调整方向。而事实中的顺序是颠倒的，甚至直接跳过了弱势利益群体对实施结果的意见，完全以评估主体的价值和目标为导向，逆向判定实施结果的优劣，从而成为服务于规划修改的工具。

另外，各个评估报告的评估年、起始年的统计分析结果显示，2010 年和 2012 年成为一个评估的高峰期，见图 3-4。此外，规划评估年距离规划编制处初始年 4—6 年的占了最大的比例，见图 3-5。试想，若算上规划审批的耗时，可能一个规划编制审批实施后不到 5 年左右就出现了规划调整的需求，这也揭示了为何这个时间距离点评估报告的数量相对最多的原因。

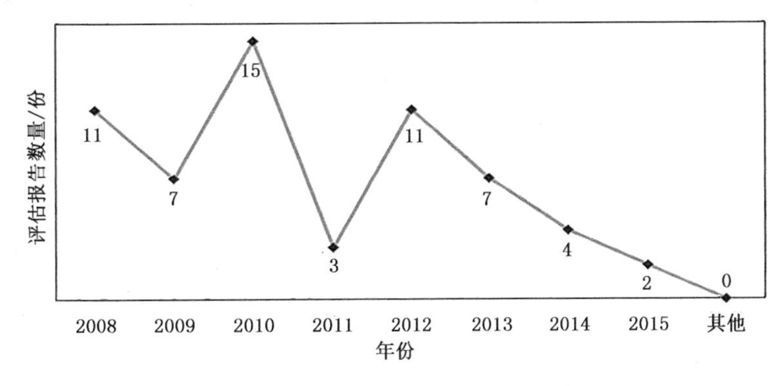

图 3-4　评估年的统计结果

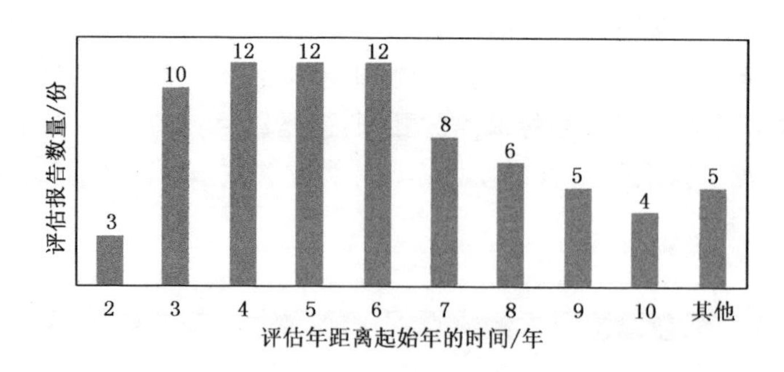

图 3-5　评估年距离起始年的时间统计结果

根据这一特点，按照评估开展的时间分类，并参照前人的研究成果、《试行办法》等法定要求，基本总结得出三类不同评估目的，不同要素的评估工作类型，见表 3-3。这三类分别是：调整完善实施机制，以进一步有效落实以原规划为目的的阶段性评估；较全面地监测和检讨，为规划是否需要修编提供依据和建议的中期评估；明确为了规划修改或下一轮规划编制提供建议的终期评估。

表 3-3　按评估时间分的不同目的的三类评估

	目的	实施情况	发展评价	实施保障	适应性
阶段性评估	调整完善，有效实施已有规划	非全面	非重点	重点	重点
中期评估	较全面评价，决定规划是否需要修编	全面	重点	重点	重点
终期评估	为下一轮规划编制提供建议	全面	重点	重点	非重点

资料来源：参考(朱雯娟，邢栋，2014)

(2) 判断标准：事实和价值的关系是含糊的

案例中约 26％的评估中仅将用地数据的比对作为判断标准，44％的评估中采用建立全面的评估指标体系(见图 3-6)，试图实现全面综合、价值中立、客观科学的评估目标。然而，前文曾讨论到，不同价值倾向的指标混杂在一起，有的是物质空间数据(事实依据)，有的是专家打分，有的是生态指标、经济效益指标等(带有价值判断)，仅凭一刀切地量化并加权求和的方式，是否就综合了多元的价值判断标准？

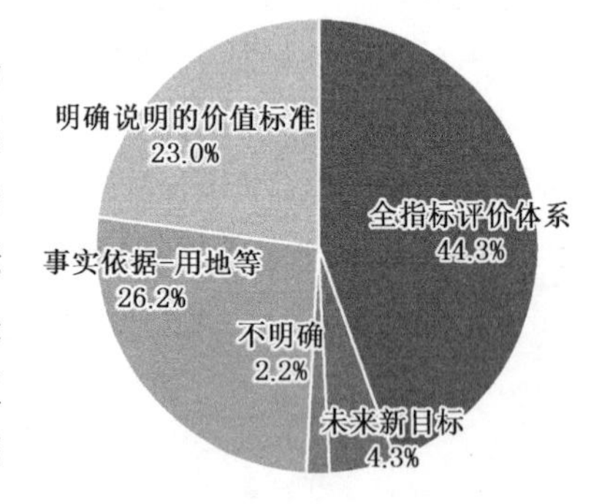

图 3-6　评估判断标准的统计结果

然而，实际评估常常是避讳谈价值判断的，明确说明标准的评估仅占 23％。而大部分的评估都在努力追求依据信息的绝对客观和评估结论的绝对中立，并没有坦诚地认识到价值作为评估不可分离的基础这一特点，因而导致评估实践中事实和价值被混为一谈。

(3) 参照对象：一致性和有效性评估

前文提到，72％的报告采用了目标-结果比较类的方法集，即属于一致性评估，其具体的技术方法基本上局限于数据监测和追踪、相关指标的对照等技术性的评估，以物质空间的评估对象为主。

即便一致性评估在现有评估案例中是一类强势的主流方法，然而却依然存在着矛盾。由于规划编制时规划目标通常偏对策引导性或是愿景描述性，一致性比对较有难度。而事实上，规划目标的难比对、难评估，也暗含了目标难实施的特点，这给未来规划体系改革提供值得思考的方向。而余下有效性或者说绩效评估是通过指标的转化、发放问卷、专家打分等技术方法开展的。

(4) 评估对象：针对不同对象的不同方法比较明确

针对总规层面的对策性规划目标而言，由于对策性战略性特点明显，因而会采用公共政策评估的方法，或是将对策分解为目标和指标等方法。而对物质空间层面的有较为明确的(例如定量要求)目标性规划目标，例如针对用地的实效性评估，则采用量化比较的方法较多。而案例质性研究多用在小尺度的规划实施试点案例中。

(5) 评估参与者：不同价值取向的主体采用不同方法得到不同结论

超过60%的评估是通过委托第三方开展，其次是委托本地规划院开展。从报告中选取了在同一城市由不同评估主体主导的评估案例，发现不同评估主体主导的评估案例得出的结论在一定程度上是相对立的，在某些层面上反映了不同的问题，有的或是隐藏了背后的利益诉求和矛盾冲突。

以广州总体规划(2001—2010)实施评估为例(吕萌丽，吴志勇，2010；田莉，吕传廷，沈体雁，2008)，不同评估主导的评估案例的异同点如下(表3-4)：

① 评估阶段相同。评估阶段都是2001—2007年。

② 评估主体不同。一个由第三方协助，另一个由当地规划院完成，都是在2007年共同开展规划实施评估。

③ 评估目的。第三方是为了监测实施进度和比较与规划目标的一致性，分析实施过程中的影响因素(政治制度、规划本身、城市体系等)；规划院为了审查实施结果，编制近期建设规划。

④ 相关评估结论间存在两个主要争议点。

第一，第三方评估认为公益性用地的规划实施优于非公益性，开放空间用地、交通用地实施率较高；地方规划院认为白云山等自然山体形成的开放空间，占用了很大比例，而真正需要规划部门管理实施的绿地广场用地面积仅占6.3%。

第二，第三方评估认为多数违规用地转化为村镇用地和工业用地；地方规划院认为从2007年实际审批的建设用地许可情况看，各类用地中的实际核发许可证的建设用地总量均控制在计划总量以内。

导致上述评估结论争议点的原因主要有三个方面。第一，评估依据不同。第三方评估可掌握的主要数据是2010年的规划图、2007年的现状图；而作为规划建设管理部门的附属机构地方规划院，采用的评估指标是审批核发的建设用地许可总量。前者更细致地关注每一类用地未实施、符合规划和违反规划由其他用地转化等情况，例如对不同用地的转化关注较多；后者仅从用地数量规模上评估实际和年度计划之间的差异，为的是为下一年制定建设用地实施计划提供依据。第二，评估时间不同，前者将 2007 年实际用地情况和 2010 年规划用地情况作比较，因而中间还有三年的时间差；而后者将 2007 年核发批准的许可建设量和计划的建设量作比较，因而评估时间都是同一年，但是批准许可离实际建成之间尚存在一定的时间滞后。第三，评估时数据归类不同。第三方评估关注规划和市场力量的博弈，因而将用地分为了盈利性和公益性。盈利性用地（商业办公、工业等）控制不好，因而认为规划对市场的引导和认识有限；后者指出由于存在大量的山脉，事实上绿地的实施程度也不高，公益性用地其实意味着对外交通用地的实施情况较好。

表 3-4　广州规划实施评估中不同评估主体影响下的比较

评估要素	第三方协助评估	广州规划院评估
评估对象	广州总体规划（2001—2010）	广州总体规划（2001—2010）
评估参照时间	2007 年现状与 2010 年规划目标比较	2007 年现状与 2007 年规划阶段目标比较
评估主体	第三方	规划管理部门的附属机构
评估目的	发展监测	发展监测 决策研究
评估指标	用地吻合度 （包括不同类型、区域的用地） 未实施的规划 违反规划的建设	用地规划吻合度 建设用地总量吻合度 （核发许可证的建设用地面积）
评估结论	① 实施程度较高，公益性用地（开放空间、对外交通）控制较强； ② 盈利性用地（商业、办公、工业）和市政用地实施率较低，总体规划对市场力引导有限，对市场规律的认识不够； ③ 居住用地转换为村镇用地比例最高，村镇用地转化较多为工业用地，公共空间转化量也较高	① 建设用地总量吻合度高，发展方向基本吻合，速度较快，由于山脉占了大量比例，单就建设用地而言，规划违反率较高； ② 道路市政建设用地实施情况最为理想，建设面积控制在计划范围内，且计划也能保障建设的用地需求； ③ 绿地、居住、商业、商务等出现较大偏差，建设规模远小于计划用地供应量

因而，规划实施评估中，由于不同价值取向评估主体的价值角色对评估工具的选择、评估数据的全面性、评估时间的比较等方面都会产生影响，从而形成不同的评估结论。可以说规划行为本身是一项参与政治、无法绝对隔离的行为，也是价值无法绝对中立的行为。在规划编制、实施和评估的过程中，权威、权力和个人等利益相关群体开展相互竞争或协作，都希望在过程中能从自己的利益出发获得话语权，因而彼此之间产生互相影响、控制和博弈的作用力（孙施文，2000）。

从×城市总体规划实施评估成果汇报会摘录可以看到，与会专家和领导的讨论也明显地反映了价值博弈和矛盾冲突。

某城市总体规划实施评估成果汇报会摘录

汇报会参与主体有地方规划局、评估编制单位、其他规划院规划师等。在成果汇报后的专家和领导讨论环节，大致形成了以下几个观点：

① 省领导到×调研，提出统筹全域规划的概念，重点是以三湖为中心的空间格局。当时很多分区的依据结合的是滇中城市群规划，现在还需要结合新思路来研究。

② 随着A、B撤县设区，C撤县设市，需评估行政区划调整带来的新的影响。如何从规划上做引导，如何与省会城市对接，如何以三湖经济区带动产业的发展需要研究。

③ 从“金山银山、绿水青山”综合的理念中可以看到政府的价值取向，既要保名声，也要做成绩。但目前基础设施投资和项目是完全错位的，我们在重大项目的选址上协调力不足。空间战略的选择虽很重要，但是往“三湖”去发展，存在生态、土地的问题，所以这个问题是两难。

3.2.3 要素—情景—方法—结论

基于我国各地评估报告的内容分析，按评估要素、评估方法将各报告分类，得出确实存在着评估要素和评估方法的对应关系，而且存在着几条不同评估情景下形成不同评估方法的路径(见图3-7)，尽管目前尚存在着一些“模糊混乱”、有待梳理清晰的节点(图3-7中的灰色部分)。

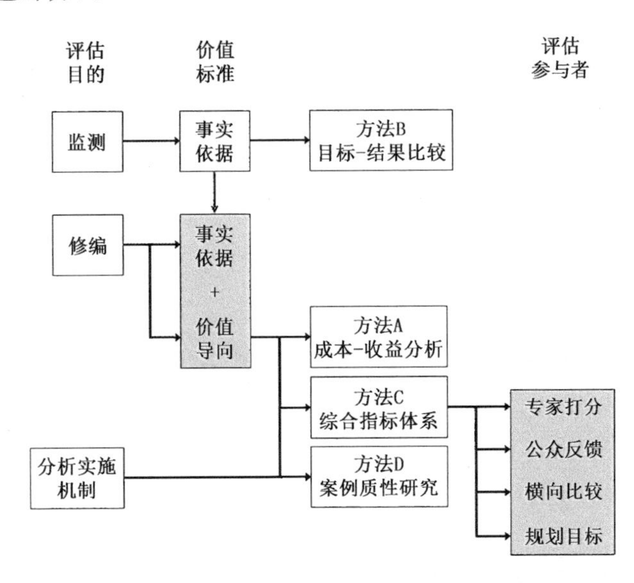

图3-7 各地规划实施评估要素与评估方法的关系

第一，根据规划实施评估的三类目的(监测规划实施结果、调整规划政策和分析规划的实施机制)，大致形成了三类评估情景下三条评估方法的分叉路径：①以监测实施进度为评估目的，以事实为依据采用目标-结果比较的评估方法。②以规划调整为目的，一方面基于事实为依据；另一方面基于主导价值观评判实施优劣，以经济效益为判断标准则，采取成本-收益分析的评估方法，若以其他效益为判断标准，则建立相应的综合指标体系，根据评估参与主体的不同，搜集指标对应的数据。③以探讨实施机制为目的，采用案例质性研究的评估方法。而目前的主要模糊点在于事实数据难以监测、规划目标难以参照、事实和价值容易混淆、默认参与主体为政府或专家等。

第二,当前我国实施评估的参与主体以政府和专家为主,即便是公众参与,其形式也是评估者组织的问卷调查,其中评估者对信息的选择、对数据的积累、对事实的判断都起到较大的影响。

第三,规划实施评估分为事实依据为主导和价值判断为主导两类,这一要素的不同形成了不同的评估情景,从而影响不同方法的选择和评估结论的判定。因而,思考评估中事实和价值的关系是非常重要的。从很多评估报告中,能都体会到即便之前对事实的采集和数据的积累做了大量的技术工作,但在最终结论判定中,技术科学发挥的作用有限。

此外,案例中发现针对同一地区采取不同评估方法得出的不同结论,那么,究竟是什么造成评估结论的不同?首先,由于方法选择的不同,相应参照的数据信息资料等也不尽相同,因而造成对事实和趋势的认知不同,带给评估结论以偏差。其次,不同的评估参与者对事物的立场不同,因而做出不同的评判结果。最后,由于评估结论也决定了由谁来负责(Guba and Lincoln, 2008)的问题,不同评估者在判定结论时,由于评估结论可能追究某些利益相关者的责任,故而因受到相关群体的压力而为难。所以说,采取不同的评估方法会影响评估结论的判断,评估方法的选择对评估结论的形成非常重要。

第四,根据对评估案例的归纳分析,初步形成了从“评估要素”决定“评估情景”,进而影响“评估方法”,最终得出“评估结论”的分析框架雏形(要素—情景—方法—结论)。基于以上基础,引出接下来要回答的问题:在不同情景下,具体该如何选择评估方法,才能针对需要解答的问题得出有价值的评估结论呢?3.3 节重点以某市的规划实施评估实践为案例开展研究。

3.3 案例研究:某市总体规划修改前的支持基础

3.3.1 评估实践的背景分析

对某市规划实施评估案例的研究,主要采用的研究方法是:首先,笔者实地参与评估主体(某市城市规划设计研究院,以下简称“某市规划院”)的评估项目,包括绿带实施评估、中心城实施评估、中心城公共服务设施实施评估等;其次,笔者在某市规划院对多名负责规划实施评估的一线规划师,分别在 2014 年、2015 年和 2016 年开展多轮不同侧重的访谈,通过充分交流,梳理出评估实践中反映的问题、困难以及与不同评估情景的关系;最后,笔者于 2014 年参与某市规划院的工作,届时正是某市城市总体规划评估和修改的阶段,通过旁听项目讨论会、阅读系列评估报告和成果,为开展对某市评估工作的研究奠定了良好的基础。

某市开展的规划实施评估，主要分为三类：

第一，法制性要求（2年一次），文本的逐条评估，以监测和动态维护的目标为主，其内容涵盖总规编制的各个方面，过于偏任务性，以反映成效为主，以提问题为辅。

第二，2010年主动开展的中期评估，自我负责，主动体检，重建议性，有反馈。通过访谈笔者发现，规划师们普遍认为2010年主动开展的中期评估，发挥了真正影响之后几年某市的城市发展，达成共识的评估。2010年的评估背景是，2008年金融危机之后，大量产业投放出现饥不择食的态势，同时2008年又遇到奥运会、产业重大转型等调整，影响了城市发展的大环境。经过2010年的评估之后，统一了思想，达成了共识，尤其是重视人口、资源和环境的统筹，控制底线，改变过去以发展为导向、为大项目开启绿色通道的做法。同时也为当时编制十二五规划，提供了主导支撑。

第三，2014年以目标导向，即为了总体规划修改而开展评估。2014年，某市城市总体规划（2004—2020）实施已近10年，原定的人口、用地等指标已提前达到或超过规划目标。因而某市于2013年启动总体规划和各专题的规划实施评估工作，2014年启动某市城市总体规划的实施评估和修改工作。至今已开展和进行中的评估课题达数十个专题，在空间上分为中心区、市郊区、绿带、新城、区县、市域的评估，在专题上分为人口、用地、公共服务、生态系统等。2014年评估也延续了2010年评估形成的思想共识，此外主要是以技术性评估为主。

主要的评估课题如表3-5所示。已开展的评估工作自2009年至2014年，为2015年的总体规划修改工作奠定了支持基础（图3-8）。总体规划修改工作于2014—2016年开展，目前已完成，经市委审批通过。

表3-5　某市城市规划实施评估主要课题列表

时　间	名　称
2009年	某市重点新城规划实施管理统计分析专项研究
2009—2010年	《某市城市总体规划（2004—2020）》实施评估
2010年	某市城市总体规划（2004—2020）实施评估专题：居民满意度调查研究
2010年	某市规划审批数据统计分析研究
2010年	某市综合交通规划实施评估
2011年	某市城市规划建设用地实施研究
2011年	促进城镇化进程背景下的某市小城镇规划实施研究
2011年	某市城乡结合部地区建设实施情况及规划研究
2011年	对新城控规实施进行实时评估和优化维护
2011年	50个市级重点村规划实施评估研究
2012年	某市新城发展规划指数研究
2012年	某市旧城历史文化街区保护规划实施评估试点
2012—2013年	某市区县规划实施评价指标体系研究及区县规划实施评估

续表 3-5

时　间	名　称
2012—2013 年	某市中心区绿带规划实施评估
2013 年	某市市仓储物流规划实施评估
2013 年	某市市中心区规划实施策略评估
2013 年	某市旧城历史文化街区保护规划实施评估
2013 年	某市市保障性住房规划实施评估及选址研究
2013 年	某市市人口、空间、功能及规划实施综合分析报告
2014 年	区县的规划实施评估及实施评价指标体系研究
2014 年	新城建设实施评估和优化调整研究
2014 年	绿带实施评估、城乡结合部地区绿色空间规划及实施评估
2014 年	城市亲和力吸引力与满意度评估

资料来源:根据某市规划院资料整理

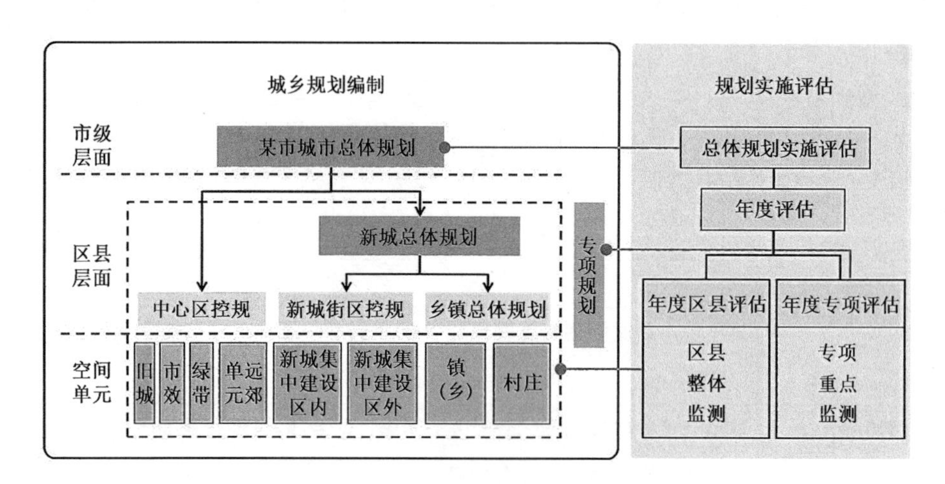

图 3-8　某市规划实施评估工作框架

资料来源:参考某市规划院资料绘制

3.3.2　评估方法与要素分析

根据第 2 章提出的假设,本节通过案例研究探究并探寻“方法—要素”二者间的关系,以建立评估方法的选择路径 E-PRC = $F(a, b, c, d, \cdots)$。E-PRC 代表中国城市采用的规划实施评估方法,a, b, c, d, e 等代表影响方法选择和设计的评估要素,例如评估目的、参照对象、价值判断标准等。在特定的评估要素下,可以根据评估要素对方法选择的影响及相应的映射关系,最终得出最适合的评估方法。

(1) 成本-收益分析的评估案例

城市规划的实施很多不是完全以经济效益为导向的，例如旧城更新①、公共设施等保护类和公益类专项，其投入成本远高于近期的可见效益。因而此方法在规划实施中使用并不太多，尤其在我国，在第 2 章中也对此做了解释。在某市的实施评估中，绿带实施效果和机制的评估是比较特殊的案例，采用成本-收益视角下的评估方法，希望通过评估回答各乡政府是否能在绿带建设中实现财政资金平衡。评估的目的是调整实施政策和创新优化实施机制，使绿带规划在较高实现度下得到实施，并最大限度地给政府带来一定收益。以表 3-6 是绿带实施过程中统计的资金流入和流出的条目。

表 3-6　绿带实施资金平衡表

<table>
<tr><td colspan="3">(1) 分项实施成本</td></tr>
<tr><td rowspan="10">集体经济组织所需资金</td><td rowspan="6">一级开发所需资金</td><td>前期费用</td></tr>
<tr><td>征地补偿费用</td></tr>
<tr><td>拆迁费用</td></tr>
<tr><td>征地及拆迁不可预计费用</td></tr>
<tr><td>两税一费</td></tr>
<tr><td>其他</td></tr>
<tr><td rowspan="3">建设资金</td><td>回迁房建设费用</td></tr>
<tr><td>经营性用地建设费用</td></tr>
<tr><td>产业建设费用</td></tr>
<tr><td colspan="2">绿地建设费用和后期养护费用</td></tr>
<tr><td colspan="3">市政基础设施建设所需资金</td></tr>
<tr><td colspan="3">(2) 资金补偿情况</td></tr>
<tr><td colspan="2">市财政投入</td><td>约 5 000 元/亩</td></tr>
<tr><td colspan="3">(3) 资金收益情况</td></tr>
<tr><td colspan="2">回迁房盈利</td><td>很小</td></tr>
<tr><td colspan="2">产业盈利</td><td>回收周期长</td></tr>
<tr><td colspan="2">商品房盈利</td><td>销售盈利</td></tr>
<tr><td colspan="2"></td><td>土地一级开发投资回报额</td></tr>
<tr><td colspan="3">成本－收益差值＝(2)＋(3)－(1)</td></tr>
</table>

资料来源：笔者在参与项目时根据访谈记录整理

① 依据《某市总体规划实施评估》，2008 年某市完成 44 条街巷、1 954 个院落的保护修缮，疏散居民3 000户，10 576 户居民住房条件得到改善。2009 年，某市出台了《某市旧城历史文化街区房屋保护和修缮工作的若干规定》，投入资金 10 亿元，完成房屋保护修缮 2 万户。若从经济效益的视角出发，并没有实现收益。

对绿带规划实施评估规划师的访谈记录

绿带地区规划实施评估的工作，是围绕着如何更好地推进绿带在不同村、乡实施而展开的，属于面向实施机制的评估。

近两年绿带实施中，实施评估、政策研究、实施试点等工作是相辅相成地开展的，其特点是各地区先有政策后有规划。此后协同区规划部门、各级乡镇开展评估。三年评估工作重点：第一年自下而上梳理各个区的规划；第二年注重实施过程与机制的评估；第三年剖析典型实施单位的案例，针对重点问题，如国有土地、产业等。

绿带实施中最大的难度是缺乏统筹，各地区间的差异性很大。而统筹又包括了空间、资源、指标、资金的平衡，其中资金的不足，如何实现不同空间尺度（多大的实施单元，如跨村或跨乡的尝试）的资金平衡（“原汤化原食”），使得绿带实施更具有可操作性是关键矛盾。规划师还是主要面向政府的，甚至是开发商的。

定量和定性相结合，定量研究的另一个用途是如何确定政策中的定量性指标，例如补偿性奖励怎么给等等需要定量化研究提供依据。

已经有尝试过几个资金平衡方案：第一，适当减少政府收益，提高成本预算（例如从原本每平方米 2 万元左右提升到 4 万—5 万元）；第二，先贡先摊，先把成本抵消，再考虑收益。

根据对绿带实施评估中各评估要素的分别考察，建立了如图 3-9 所示的绿带评估方法的形成路径。

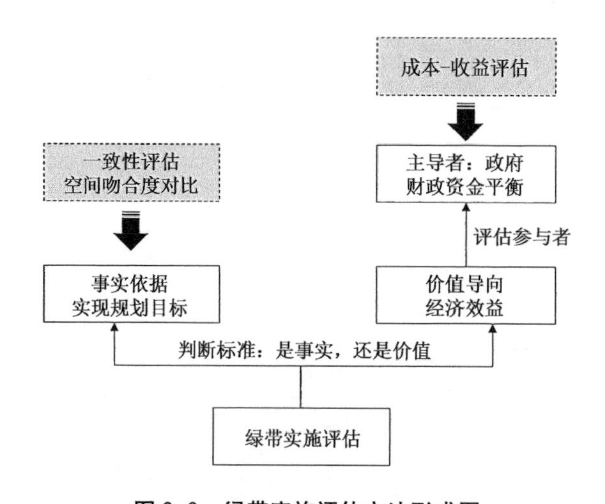

图 3-9　绿带实施评估方法形成图

绿带实施评估一方面以事实为依据，采用空间吻合度对比的评估方法；另一方面以经济效益为价值导向，评估主导者为政府，采用成本-收益评估方法分析政府是否能达到财政资金平衡。

(2) 目标-结果比较的评估案例

目标-结果比较评估方法是较普遍的方法，某市中心区规划实施评估基于实施过程中动态维护等管理创新，积累了良好的数据基础，因而比较得出了中心区现状的人口和用地与规划目标之间的差距。此类方法的评估目的是监测现阶段发展情况，以便及时发现问题。

数据方面的困难是评估最大的困难所在，主要体现在绝对数据的统计测量困难、统计的数据口径统一困难、确保数据参照对象的标准性困难等。具体来说，分为实施结果的数据和规划目标的数据两方面：一是从结果数据测量的精确性和稳定性、数据统计口径的一致性、不同时间数据的延续性等方面做出努力。譬如有些数据 2003 年（基准年）编制规划没有，而到了 2009 年数据随着测量工具提升不但数据量增多且矢量化了，但由于时间上不配套，很难开展交叉分析；又譬如年鉴数据只到区县，街道数据只能通过数据加工分配得到，但分配的精准性仍是问题；譬如上海在行政机构的架构上改革创新，由信息中心和测绘院辅助规划部门开展用地现状调研工作，实现半年一次数据更新的突破。另一个是目标数据的科学性，在编制规划中，可能原规划目标的数据并未经过科学的推算，在一个错误的参照对象基础上评估规划实施，其科学性和必要性更是得到质疑。因而数据基础是评估方法和结论客观性的保障。

根据对中心区规划实施评估各评估要素的分别考察，建立了相对应的评估方法选择路径，见图 3-10，以事实监测为目标，对比现状和规划目标的一致性。

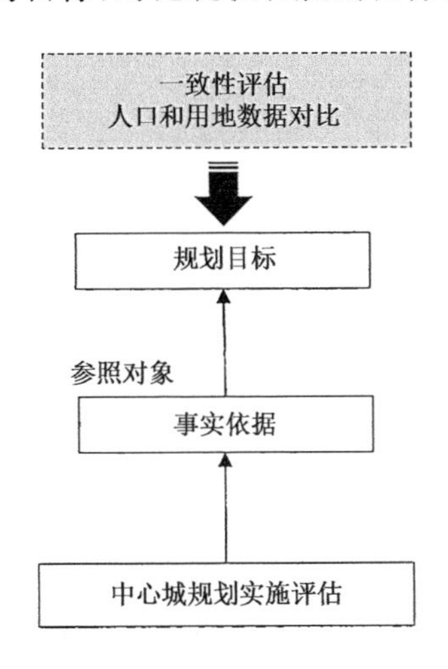

图 3-10　中心区规划实施评估方法形成图

（3）综合指标体系的评估案例

在评估某市各区县规划实施成效中，评估是为了监测和描述区县发展水平，包括规划实施过程中的效果、效益和效能等，因而采取综合指标体系的方法，其中指标体系的设计是方法的关键所在（见图 3-11）。采用指标评估的另一个原因是便于和政府绩效评估相关联。与前两类方法不同的是，综合指标体系方法除了测量和描述的呈现外，还需要对综合指标体系结果做出评判。在区县实施评估中，并不仅限于与规划目标的对比，选取指标的参照对象有如下四类：参照原定规划目标、参照国家标准或某市标准的指标、参考国内外相似城市中发展较好城市的同类指标，对于不便于定量测量的指标采取专家咨询和打分的形式。

根据对区县评估各评估要素的梳理，建立了如图 3-12 所示评估方法选择路径。

评价维度	评价方面	关键指标数量
规划实施效果	土地集约利用	3
	公共服务保障	7
	基础设施支撑	5
	城市安全保障	3
	历史文化保护	2
	生态系统建设	3
规划实施效益	经济效益提升	3
	社会效益提升	4
	环境效益提升	4
规划实施效能	管理执行能力	2
	公众参与能力	1
	公众满意程度	1

区县规划实施评价推荐指标		
评价方面	指标编号	
土地适度利用	1	人均城镇建设用地面积
	2	人均集体建设用地面积
	3	更新改造用地利用率
公共服务保障	4、5	小学/中学生均用地面积
	6、7	小学/中学用地办学标准实现率
	8	每千人拥有医疗设施床位数
	9	每千名老人拥有养老设施床位数
	10	人均体育用地面积
基础设施支撑	11	规划城市道路实现率
	12	公交出行比例
	13	人均公共停车场面积
	14	生活垃圾无害化处理率
	15	污水处理率
城市安全保障	16	人均应急避难场所用地面积
	17	消防站辖区覆盖率
	18	防洪防涝河道综合治理达标率
历史文化保护	19	各类保护建筑数量
	20	保护修缮资金投入
生态系统建设	21	人均公共绿地面积
	22	公园绿地500米服务半径覆盖率
	23	林木覆盖率
经济效益提升	24	人均GDP
	25	第三产业比重
	26	第三产业贡献率
	27	市级以上开发区土地工业总产值产出率
社会效益提升	28	城镇比率
	29	人口年均增长率
	30	城镇居民人均可支配收入年均增长率
	31	农民人均纯收入年均增长率
环境效益提升	32	单位GDP水耗
	33	单位GDP能耗
	34	河湖水质综合达标率
	35	细颗粒物(PM.2.5)年均浓度下降率

图 3-11　区县评估指标体系

资料来源：某市规划院

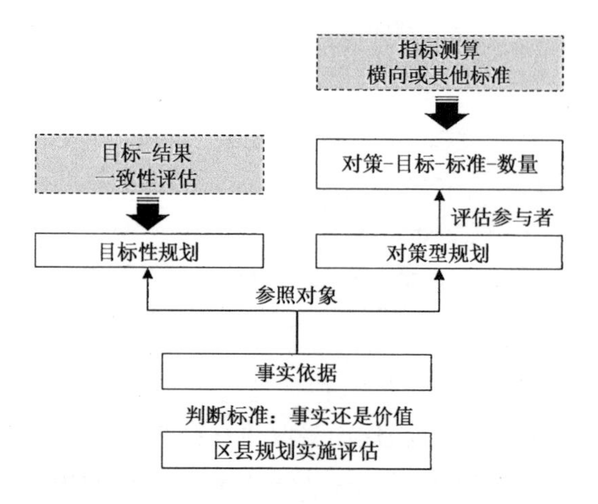

图 3-12　区县规划实施评估方法形成图

（4）案例质性研究的评估案例

案例质性研究的方法使用于评估中对实施机制的探究，包括对具体实施路径和相应法规政策的评估等，过程中容纳了定量和定性等多种方法。案例质性研究的方法可运用于具体片区专项规划的实施评估中，例如某市对鲜鱼口历史文化街区、什刹海历史文化街区等的旧城历史文化街区保护规划开展实施评估(杨君然,2014)。案例质性研究的特点是能更合理地综合地把城市中独特复杂的事实与评估的价值判断联系起来。

访谈规划院评估负责人对案例研究方法的看法

总体规划实施评估,尽管是宏观层面的,但也需要具体案例的支撑,例如:①密云水库的建设从生态指标来说各项指标优良,但是上游村庄的保护也形成了与旅游开发的矛盾;②朝阳北路实施难是因为拆迁难,没有法制的保障,政策有时候没有起到准确的正向激励的作用;③海淀唐家岭拆迁后,人都跑到了另一个地方,虽然实施了,但带来了其他问题,因而有必要开展案例研究,深入剖析原因。

根据历史保护区规划实施评估的梳理,建立了图 3-13 所示评估方法选择路径。

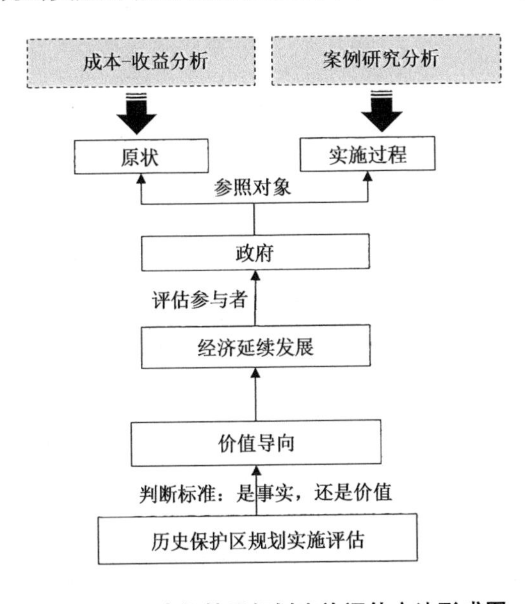

图 3-13　历史保护区规划实施评估方法形成图

(5) 小结

以上述四个典型案例为基础,并更广泛地考虑了其他评估案例的特点,认为在不同评估情景下,选择不同的评估方法以解答不同层面上的问题,并整理形成了如表 3-7 的综合分析。

表 3-7　某市实施评估方法和关键要素的综合分析

方法	应用评估案例	具体技术方法	评估对象	评估目的	参照对象	价值标准	参与者
成本-收益分析	绿带规划实施评估	统计计算 规划平衡表分析	绿带规划	关注实施 审核实施结果,调整实施策略,以提升实施效果	规划目标 原状	经济效益	政府

续表 3-7

方法	应用评估案例	具体技术方法	评估对象	评估目的	参照对象	价值标准	参与者
目标-结果比较	中心区规划实施评估	数据测算和比较 用地吻合度等间接指标计算 直接 GIS 比对	人口和用地	一致性监测 监测现阶段发展情况，以便及时发现问题	规划目标	—	—
综合指标体系	区县规划实施评估	多指标评价	各方面内容	对策—目标—指标 监测区县发展水平，描述和判断各区县规划实施过程中的效果、效益和效能	规划目标 横向城市 国内外标准	多元化	政府
案例质性研究	历史保护区规划实施评估	问卷 实地踏勘	实施机制	关注实施机制和案例特殊性	原状 规划目标	历史保护 经济发展	政府

3.3.3 评估结论的比较分析

本节讨论“方法—结论”二者间的关系，比较针对相对评估对象、不同评估方法所得出结论的不同。

(1) 公众满意度评估和总规实施评估的结论比较

以对轨道交通的评估结论为例，其中《某市总体规划实施评估》(某市城市规划设计研究院，2010)的结论认为：以轨道交通为重点、公共交通优先的战略基本落实，大量交通基础设施落实建设。近年来，某市轨道交通建设进入了加速发展的大规模建设时期，截至 2010 年，某市市轨道交通已达 228 km 运营里程，280 km 正在建设中，轨道交通对城市结构发挥了显著的优化作用。居民交通出行结构不断优化，全市公共交通出行比例上升至 38.9%，其中轨道交通占公共交通出行比例的 26%，全年客运量达到 14.23 亿人次，日均客运量 389 万人次，比 2004 年增长 134.4%。

另一方面，由于受多种复杂因素的综合影响，在轨道交通规划建设中，也出现了一些值得关注和解决的问题。例如：目前大部分地铁站台预留车辆长度不足，地铁建设运营缺乏区域快线，新建线路与既有地铁及地面公交换乘不便，以及轨道站点周边缺乏整体设计和综合开发。

而在《某市总体规划实施评估——公众满意度评估》(某市城市规划设计研究院，2010)中的评估结论认为：居民对公共交通诸多方面的满意度均值都超过了平均值，但轨道交通建设还远不能满足居民需要。居民到轨道交通站点距离的满意度，远低于距离公交站点距离的满意度；轨道交通总体满意度也低于公交车均值。

居民对今后轨道交通建议如下：第一，增加线路；第二，加强与公交车站的联系；第三，增加班次。另外，居民还补充对“质”的要求：例如改善车厢内拥挤程度、乘车舒适度提升等。此外，产业、住房等方面结论也有角度的不同。

从上述比较中可以看出，评估结论受不同方法的影响，不同方法的选用影响到采取不同数据和信息，从而得出不同的评估结论。因而构建清晰的方法选择路径，对形成评估结论非常重要。

(2) 分项评估报告和综合评估报告的比较

使用 IDF(Inverse Document Frequency，逆文本频率指数)排名[①]的方法对针对不同对象的规划实施评估报告展开词频分析，包括某市总体规划实施评估报告、某市中心城规划实施评估报告、绿带地区规划实施评估报告和上海总体规划实施评估报告，得到结果如表 3-8。从词频的排序可以看出，不同评估报告所关注的重点问题是有差异的。

表 3-8　规划实施评估报告的内容词频分析

上海总体规划(参照)		×市总体规划		×市中心城规划		绿带规划	
IDF 排名	词语	IDF 排名	词语	IDF 排名	词语	IDF 排名	词语
1	新城	1	用地	1	用地	1	实施
2	人口	2	人口	2	设施	2	地区
3	城市	3	城市	3	实施	3	政策
4	总体规划	4	新城	4	城市	4	用地
5	地区	5	实施	5	功能	5	拆迁
6	用地	6	总体规划	6	绿地	6	编制
7	区域	7	地区	7	人口	7	资金
8	国际	8	规模	8	交通	8	村民
9	产业	9	全市	9	空间	9	情况
10	空间	10	交通	10	现状	10	回迁
11	常住	11	住房	11	产业	11	安置
12	规模	12	产业	12	利用	12	农民
13	功能	13	问题	13	旧城	13	土地
14	经济	14	旧城	14	建筑	14	绿地
15	城镇	15	城乡	15	地区	15	过程
16	实施	16	首都	16	加强	16	进行
17	市域	17	外来人口	17	文化	17	参与

① IDF 排名方法优于一般的词频排名方法。IDF 能排除对主题内容贡献不大但出现频率较高的词语被列为重要词汇的情况，从而得出文中词语准确的重要性排序。

续表 3-8

上海总体规划(参照)		×市总体规划		×市中心城规划		绿带规划	
IDF 排名	词语	IDF 排名	词语	IDF 排名	词语	IDF 排名	词语
18	形成	18	比重	18	效果	18	产业
19	周边	19	区域	19	提高	19	组织
20	要求	20	经济	20	住房	20	问题
21	体系	21	设施	21	资源	21	了解
22	全球	22	土地	22	边缘	22	面积
23	大都市	23	基础设施	23	目标	23	集体
24	生态	24	水质	24	系统	24	单位
25	水平	25	公共服务	25	集团	25	城市规划

资料来源:根据各评估报告笔者统计形成。

四个报告开展的时间相近,大约在 2010 年前后,然而×市总体规划实施评估中关注基本的"用地""人口"之外,关注"新城""实施""规模""交通"等;与×市不同的是,上海在总规实施评估中,关注"区域""国际""全球""大都市",当然也同样关注了"人口""用地""新城"等问题。另外,×市中心城规划实施评估中"设施""绿地""功能"(疏解和聚集)等问题受到关注;绿带规划评估中"实施""政策""拆迁""资金"等成为关注的核心价值所在。

(3) ×市绿带规划实施评估中的价值博弈

绿带规划实施中涉及复杂的不同利益群体的价值博弈。通过案例研究和访谈,评估者认为,在一道绿带地区,鉴于问题的轻重缓急,重点关注政府是否能够在实施中实现资金平衡,必要时需要通过适当减少政府收益来保障实施成效。而作为相关利益主体的上级主管部门,却认为绿带实施降低收益可能带来对其政绩要求的不利,例如人均 GDP 的减少、财政收入的减少等。

尽管绿带实施评估的参与主体还是以政府和规划师为主导,但评估者也希望更多地融入农民、村集体。比如委托了咨询公司,开展了从农民和村集体视角出发的评估以及诉求调研,其实也是面向采取什么实施模式能更好地推进落实规划的研究,评估在实施过程中是否有更多自下而上的力量带动村民和村集体的主动积极性。

以上以不同群体的价值判断为主导的评估都是合理的,其结果也是符合该利益群体关心的要素的。但是,最终的评估结论应当是在以上群体充分价值博弈之后所得出的。当不同评估结论出现不符时,并不是对某个评估本身科学性的质疑,而是进一步的价值协商;也不是追求最少的政治影响,而是需要对各种各样的政治和利益的价值有细化和成熟的理解。访谈研究中,也有专家认为为什么在一些大城市,相比政治意志主导性更强的小城市,评估工作更成功,除了良好的数据基础和专业性的评估人员以外,充分的价值博弈和开放的协商平台也是重要的原因之一。

3.3.4 小结:评估方法的选择路径

某市案例的研究过程是基于扎根理论的方法开展的,其基础是在各地的案例研究中,积累了大量数据并通过开放性初步形成了几个基本概念,例如评估目的、评估对象等评估要素和评估方法等等。首先,数据基础是某市已开展的规划实施评估、访谈、实践记录、会议纪要等。其次,继续开放性、轴向性编码补充是否有其他重要的基本概念的同时,分析某市案例中的评估要素和评估方法的类型。再次,建立评估方法(作为概念的轴心)和其他评估要素之间的联系,一一分析评估方法与不同的要素(3.3.2 节),以及不同方法形成的不同结论之间的比较(3.3.3 节)。最后,基于交叉分析,得出不同评估案例中,评估要素和评估方法的关联,即阐释了不同要素决定评估方法的选择路径。之后进行进一步理论提炼,即可得到普适性的方法选择范式(第 5 章详述)。

第一,通过案例研究证实了第 2 章方法研究中提出的假设,即不同评估要素决定了不同评估情景,评估参与者的立场、评估的目的等决定了评估方法的选择、评估所依据的数据和信息的选择,不同情景采用不同的评估方法;选择不同方法和数据,影响评估的结论,存在着"要素—情景—方法—结论"的影响链条。

第二,研究问题从关注哪种方法是最优的、哪种方法得出的结论更合理,转向研究方法的选择和方法之间的关系。评估结论的对与否,取决于方法选择的架构和形成背景,以及支撑这个架构的主要价值取向。不同的评估结论,反映出不同价值判断对现状发展的另一个维度的认识,推进评估结论向一个更多维的方向递进,也同样是有意义的。因而评估者不能仅仅得出最终评估的结果,还需要把相关的评估标准、参考对象和模式等前提假设也做一个基础说明,从原则到证据再到结论,从而共同组成系统的评估成果。

第三,基于扎根理论的轴心性编码方式,分析评估方法和不同评估要素之间的关系,并建立二者之间的联系,从而构建了某市评估方法的选择路径,这对形成评估理论非常重要。通过多个典型评估案例的检验分析,确定了图 3-14 所示的评估方法选择路径,路径的逻辑顺序自下向上。

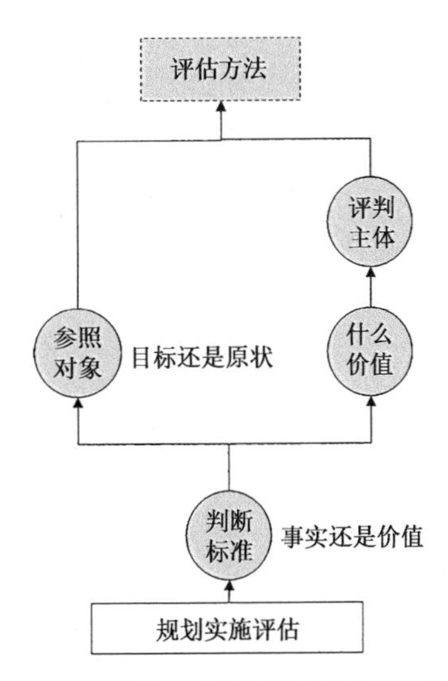

图 3-14 基于某市规划实施评估实践研究形成的评估方法选择路径

基于某市评估实践的研究,还形成了以下五条对评估的认识和理解作为补充。

第一,全面、系统和连续的数据基础是关键。数据的需求分为实施结果的数据和规划目标的数据两方面,主要包括相对应尺度(市、区、县等)的绝对的基础数据(人口、用地、建筑面积、经济产业数据、交通数据、生态类数据等现状和规划目标数据)、相对的调整型数据(每年的指标变化),以及特定目标对应的指标型数据(创新创业指标表征的数据等)。从工作开展方式来看，建立数据库平台（建议在中心城动态维护平台基础上进行扩充），从而建立一个常态化的评估机制，动态跟踪和统计分析工作流程。

第二，评估的重要意义在于深入剖析认识规划实施中的问题，取得思想共识，奠定观念转变的基础（杜立群，2012）。通过对规划实施的评估，定量和定性数据的佐证，凸显问题的严重和矛盾的尖锐。但往往规划实施反映的问题仅仅依靠规划及规划部门本身或区域内并不能完全解决，因而需要评估结果帮助各部门间形成共识，并向各部门或区域提出解决问题需要的资源支持等。

第三，评估的难度很大程度上在于规划的整体性、长期性与实施的分散性、近期性矛盾突出。随着城市的发展与规划理念的更新，原有规划目标与策略存在一定的局限性（如对城市规模、发展规律的认识不足，未涵盖人居环境、城乡统筹等问题，对绿带地区的空间位置与功能的考虑有欠缺等）；现有规划目标与策略以描述为主，难以量化评估[如推动文化产业发展、加快绿地系统建设、提高市政基础设施现代化水平（问题出发）]，注重规划编制时的可评估性，在编制之初埋下伏笔，正如英国学者 Rydin（1998）指出，不能评估的政策就不是政策，不能评估的规划就不是规划；由于缺乏实施路径和手段的设计，最初设定的规划目标在实际的城市发展建设过程中难以落实。

第四，依据现行开展的评估课题，以及从评估开展过程、评估成果的反馈，体现或印证了我国城市规划将面临一系列转型：技术型向政策型。发现过去专注于目标设定、采取技术指标、空间布局的数字或图像工作，而忽略了落实目标的具体实施路径的设计和为保障目标的法规政策的制定等等。同时，某市、上海等国内重点大城市正处于总体规划修改的时期，通过评估引导修改，通过修改体现城市发展变化带来规划的变化。研究恰逢此时机，需要体现这一时代特点，且本书在总体规划修改之后完成，也注意能体现时效性。

第五，国外规划实施评估体系的比较借鉴。目前某市也以学习英国为主，从实践工作中反馈出国外方法在我国的“水土不服”。例如由于我国总体规划目标和描述不具体，没有策略实施路径，没有量化指标，难以评估，需要预先加工转换成可评估的分策略。又如年度监测报告的适用性、问题、数据的局限性。由于类型、阶段、区域不同，在借鉴国外评估方法时，往往遇到一些难处。中英发展阶段不同，面对的主要矛盾也不同，比较时需注意，多从历史的角度看问题，关注发展阶段。

3.4 本章小结：我国评估探索取得初步成果

本章对我国各城市规划实施评估的实践工作、采用的技术方法，以及重点基于某市总体规划修改前作为支持基础的评估为案例展开研究，见图 3-15。以规划实施评估的方法源于对规划实质和评估情景的认识论为基础，分析了评估要素、评估情景、评估方法以及得出的评估结论之间的关系，在明确了例如为何开展评估、什么时候开展评估、针对什么开展评估等问题的基础上，初步建立了基于不同评估要素的评估方法的选择路径。

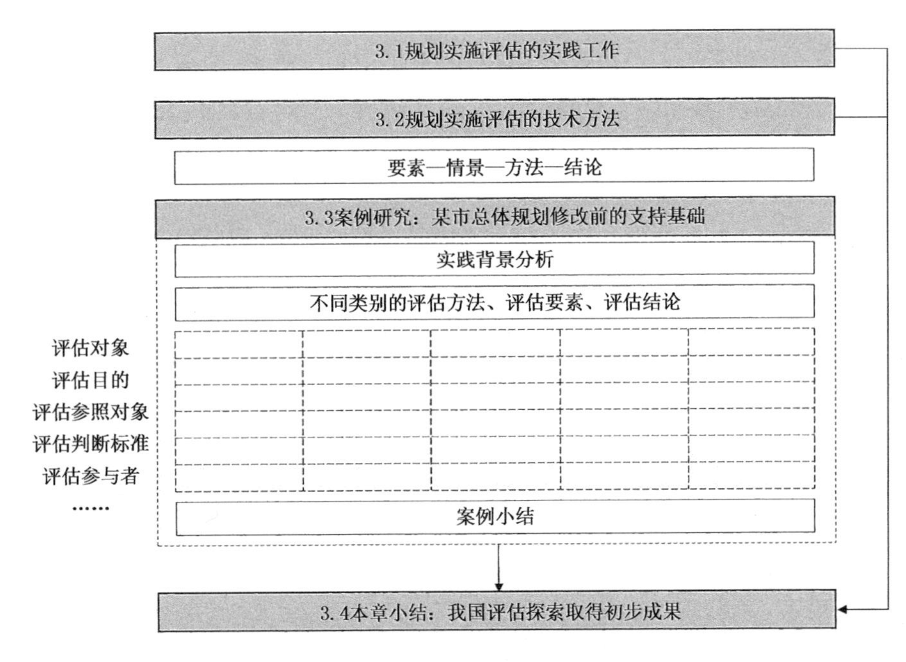

图 3-15　第 3 章的论述框架

具体研究过程基于扎根理论，从搜集的中国各城市评估资料中通过三步编码，分析归纳、提炼概念和影响方法选择的关键要素，并通过建立方法和要素之间的联系，从而构建方法选择的路径。

首先，通过开放性初步形成了几个基本概念，例如评估目的、评估对象等评估要素和评估方法等等。其次，继开放性、轴向性编码补充是否有其他重要的基本概念的同时，分析案例中的评估要素和评估方法的类型。再次，建立评估方法（作为概念的轴心）和其他评估要素之间的联系，分析评估方法与不同的要素，以及不同方法形成的不同结论之间的比较。最后，基于交叉分析，得出不同评估案例中，评估要素和评估方法的关联，初步建构了不同要素决定评估方法的选择路径。我国评估要素、评估方法、二者关系以及方法选择的逻辑等方面的结论，为进一步理论提炼，得到普适性的方法选择范式提供了理论基础。

除了以上基于要素—情景—方法的分析框架，对我国各城市开展规划实施评估时方法选择的影响要素的分析之外，本章依据大量的案例分析，总结了我国评估实践探索中取得的成果和困惑。困惑本身其实也是促进不断对未来探索进一步思考，因而从这一角度来说也是探索成果的另一方面。

（1）困境一：缺乏深入的理论基础

评估的核心难题之一是缺乏一种既能评估达到目标的过程，同时又能评估目标本身是否合理的评估形式（陈振明，2003）。通常在评估中，难以达成共识的评判标准，即便在评价标准中达到与规划目标的一致，也并不意味着实施的真正有效，原因在于当前我国规划的科学性仍有质疑；评估中所包含的两个内容常常互相混淆，没有得到清楚的理论辨析和梳理。另外，评估中存在着规划的整体性长期性与实施的分散性近期性矛盾，远景规划和动态监测的矛盾。也就是说，当开展规划评估工作时，常常存在尚未到规划末期，如何将终极目标分解的问题。针对蓝图式规划的“具体明确”和规划愿景的“宏观意象”分别该如何分解，成为探索中的困惑之一。

举例来说，在3.1节对各地评估实践的调研中发现，11个城市中有9个受访城市都认为缺乏对内容和方法的指引。由于缺乏对评估理论的认识，我国规划实施评估的地方探索中，依然非常依赖于所谓上级的指导文件或评估报告内容的要求。另外，在实际开展例如3.2.2节的某市城市总体规划实施评估时，缺乏对评估的前瞻性和实效性理论(郑德高，闫岩，2013)的认识和理解，未能实现“一张蓝图干到底”的初衷，过快地调整规划内容，希望向更大的区域扩大发展的想法。因而领导班子希望通过以规划实施评估为工具，制定新的战略规划，暂时弱化总体规划的引导力。在这样的背景下，评估工作人员是困惑的，从判断来说，这一评估属于前瞻性评估，当城市发展条件发生重大改变时需要进行，而一般条件下尤其是规划编制实施之初，往往更重视实效性评估。但由于前瞻性和实效性理论未形成系统的建构，譬如什么时候开展前瞻性评估、什么时候开展实效性评估等问题，缺少深化的研究和明确的解答。工作人员一方面出于专业直觉认为应当更重实效性，另一方面受长官意志的引导，产生困惑。

在这样的背景下，实践中评估的客观性和科学性常常被质疑，且客观性仅由评估方的专业程度和职业精神决定，难以把控，也较容易受长官意志等多方面因素影响。因而，探索规划实施评估领域的理论研究，不仅能为实践提供切实可行的技术方法指导，更能为开展更广泛的评估实践打下基本共识和启发思索的基础。

(2) 困境二：曲解评估的意义价值

我国大多数城市认为规划评估是为了总体规划修编而进行简单的总结工作，评估中对上版规划的不适应批判占了一大部分，对实施效果的评价仅占了一小部分。“假评估”并没有真正在实践上起到促进规划科学实施的作用，背离了规划评估工作的本意和初衷。然而规划评估的本意是审查当前规划各项目标实施的情况和现阶段城市发展的状态，在认为规划目标不适合新发展环境的条件下才开展规划修编(潘星，2013)。有必要通过研究进一步廓清评估仅是修编的必要非充分条件，改变评估被“绑架”扮演为批判上版规划的“帮凶”的角色，实事求是地开展对实施严肃性的评价。

又由于规划评估工作频率高、任务重，城市政府对评估工作存有疑虑，规划管理部门心有余而力不足(陈有川，陈朋，尹宏玲，2013)等问题，部分城市对评估的真正意义认识不足，开展评估的主动性有限。

例如在各地的调研中反映出，以城市总体规划的修编为目的而开展实施评估的城市，占本省开展评估城市的80%以上，一个规划编制审批实施后不到5年左右，就出现了规划调整的需求。3.1.3节中总结为：绝大多数城市规划管理部门对规划实施评估的认识有限，在实际工作中也为了批准规划修编而做任务性评估，实际工作中对评估必要性的认识远大于对其重要性的认识。这也体现在相应的评估报告中，针对上版规划的负面评价占了绝大部分，而针对实施的评价内容很少；回避了实施过程中由于缺乏实施的严肃性而带来目标偏离的甄别，而是以目标为导向，论证原目标如何不能适应现实的发展，应采用什么样的新目标。

(3) 困境三：评估中事实和价值的争论

责任主体和评估主体的暧昧关系，不是错误，而是客观存在的困难。当前评估工作中常常因为缺失数据或某些指标难以量化测算，很多情况下只能开展定性分析。客观上，价值观的多样性也使得评估会产生分歧，使得评估本身不可避免地成为一种妥协兼顾不同利益的结果，由于非理性因素的存在，多少夹杂着直觉。而此时，政府作为评估工作的责任主体，常常会引导评估结论的价值取向。实际工作中，提供技术支撑的规划评估报告常常扮演"帮凶"的角色（韩高峰，王涛，谭纵波，2013），并由上版规划扮演"替罪羊的角色"（杨保军等，2011）。

目前采用的评估方法以测量和描述为主，缺少协商（在不同利益相关者所持价值观系统判断后再进行相互校验），因而导致了对评估的认知模糊与偏见，评估没有发挥应有的反馈和论证作用等问题。例如，在评估实践过程中，常常是避讳或忽视谈价值判断的，明确说明价值标准的仅占 23%。而大部分的评估都在努力追求依据信息的绝对客观和评估结论的绝对中立，并没有坦诚地认识到价值判断是影响评估的重要因素。在对各地采用的评估方法和评估要素的分析中发现，不同价值倾向的指标混杂在一起，有的是物质空间数据（事实依据），有的是专家打分，有的是生态指标、经济效益指标等（带有价值判断），仅凭一刀切地量化并加权求和的方式，是否就综合代表了多元的价值判断标准？

(4) 困境四：多因素对规划实施的复杂影响

规划实施过程中，不同利益主体的交织博弈、不同层级政治因素的导向和发展环境的变化等都成为"肢解"规划的力量，带来很多不确定性（图 3-16）。但有些结果是由规划干预和其他因素共同作用的结果，不仅关系到城市的物质空间，与城市的社会、经济也有密切关系，结果彼此具有相互因果关联性，很难将规划因素与其他因素明确分离（龙瀛等，2011）。尽管规划的核心职能是空间资源的分配，但各部门对总体规划和规划评估提出了更高的要求。例如上海的文化部门要求规划部门仅仅评估文化设施的布点是不够的，还要评估文化氛围、设施的串联使用、空间的文化感等等，让规划部门陷入"有限公司无限责任"的困境。

另一方面，当出现规划实施效果不尽如人意或评估形同虚设的时候，"规划滞后"的批判声甚至"规划无用论"等呼声不绝于耳，但人们忽视了规划实施受多方因素影响的复杂性。这也正是缺少有效的规划编制沟通和实施评估机制（杨保军等，2011），从而导致规划缺乏针对性和动态性，总体规划的地位和价值没有得到足够重视。科学可行的规划评估方法，有助于形成对总体规划地位和价值的重新阐释，避免城市规划面临的尴尬（段鹏，2011）。

在市场发挥主导作用的环境下，规划实施吻合度是否都会因城市管理部门所控制的？因而有学者指出，是否都要问责规划，是否更值得探讨的是评估对象的问题，到底什么是刚性的，什么是弹性的。而从另一方面说，在复杂的城市环境中，是否按规划要求达标就是实施取得了成果，也并不一定。例如，某市城中村地区拆迁后，低收入人群就跑到

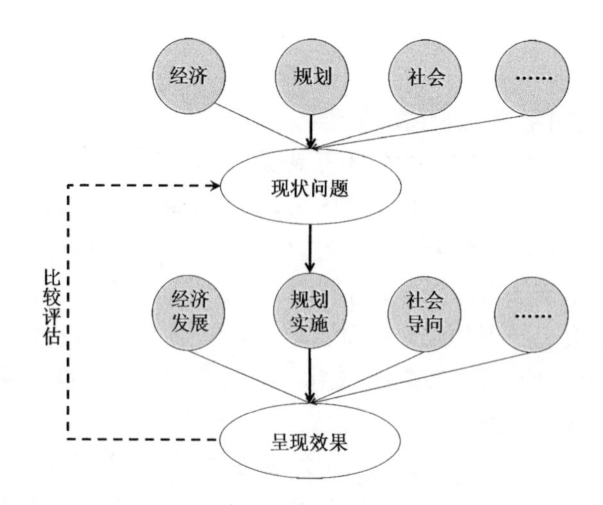

图 3-16　多因素对规划实施的影响分析

另一棚户区，虽然规划实施了，但也带来了其他问题，常常是一个较大区域范围内的多因素影响下造成的问题。

城市规划具有自己的核心功能，即通过空间资源的分配实现社会各方面的诉求，通过有效的实施实现不同利益群体、不同时间阶段的博弈平衡（张庭伟，2006）。所以，研究如何分析因果关系，将规划以外的额外性成效剥离，从规划的核心出发，评定与规划自身紧密相关的结果，是评估规划实施有效与否的重中之重。

以上这些关于评估探索的思考和困惑，不仅是针对规划实施评估环节的提问，同时也促进了在规划编制、规划实施环节中相关问题的反思，例如规划目标的可评估性、规划政策的实施导向、规划目标中数据指标的科学性等。

第 4 章通过对英国城市规划实施评估的案例进一步分析，一方面加强对评估方法和评估要素的关系的认识，修正和调整评估方法的选择路径；另一方面有望为我国评估探索中的困境提供可参考性的破局之路。

4　英国城市规划实施评估方法的启示

4.1　英国城市规划体系的演变[①]

规划实施评估是规划体系中一个不可缺少的环节，并不是仅仅通过研究评估本身就可以理解英国的评估方法和体系的。梁鹤年(2004)曾提出的“背景迁移”的比较研究逻辑，强调在不同国家、地区或时间里某一个现象的背景对现象或某种方法产生的重要性。他把“方法”比作“瓶盖”，把“背景”比作“瓶身”，认为需要将甲地的现象/方法、甲地的背景、乙地的现象/方法和乙地的背景四个要素分离，分析将甲地的方法“迁移”到乙地的背景后，“瓶盖”是否能合适“瓶身”。所以本节首先从其城市规划体系的发展演变出发，认识英国对城市规划的理解，形成对其规划体系的基本认识，以此为开展规划实施评估的研究，奠定研究背景和讨论语境。

本书选取英国[②]作为研究案例，第一个原因是英国是最早对城乡规划立法并形成较为完善的规划体系的国家。英国的城市规划体系是指导型开发规划(戚冬瑾，周剑云，2011)的典型。为了弹性应对未来城市发展中的不确定性，规划给予指导而并不明确规定开发指标。在开发具体项目时，开发商提出申请，地方政府组织各利益相关群体共同决定是否同意开发，即所谓的自由裁量式的控制模式。为适应变化的政治环境、经济条件和社会需求，规划作为调控土地开发的工具，不断随之调整自身的控制性和灵活性。英国规划体系以简洁高效为目标不断完善(顾大治，管早临，2013)。依据控制性和灵活性的权衡与重要文件颁布的时间节点，并参考已有研究(徐瑾，顾朝林，2015a)，本书将英国城市规划体系的演变过程梳理成四个阶段(见表 4-1)。

第一阶段颁布的《城乡规划法》(*Town and Country Planning Act*)奠定了规划体系的法制化基础，并规定政府控制土地开发权。1947 年的《城乡规划法》正式明确了土地所有权与开发权分离，即土地私有但政府控制土地开发权(于立，2011)，明确了以发展规划为核心。但此阶段城市规划作为政府干预的手段，仅限于消极控制而非积极引导，也缺

---

① 本节部分内容来源：徐瑾，顾朝林. 英格兰城市规划体系改革新动态. 国际城市规划，2015，30(3)：78-83.

② 在英国，由于政治环境的不同，英格兰、威尔士和苏格兰各地区具有独立的规划体系和管理机构，本书中所提到的英国城市规划体系特指英格兰地区的城市规划体系。

乏对区域间的统筹协调的认识。

表 4-1　2009 年前英国规划体系的演变过程

时间阶段		核心特征	重要文件	具体内容
第一阶段 1947—1967 年		奠定法制化基础，明确政府控制土地开发权	颁布《城乡规划法》	土地所有权和开发权分离，规划兼有开发控制和积极引导发展的作用。但缺乏对区域统筹的认识
第二阶段 1968—1985 年		建立“二级”体系，从蓝图式向政策导向型转变	修订《城乡规划法》	确立结构规划（Structure Plan）和地方规划（Local Plan），即上级政府与地方政府事权划分的“二级”体系
第三阶段	1986—2003 年	规划权限下放，更注重开放性和弹性发展	修订《城乡规划法》颁布《规划和补偿法》	撒切尔政府受新自由主义影响，将权力由郡（County）下放至地方（District），规划由地方政府负责，中央政府仅保留干预权，伦敦等六大都市区独立编制单一发展规划（Unitary Development Plans）
	2004—2008 年		颁布《规划和强制性收购法》	建立更注重可持续发展的开放式政策引导框架——规划政策声明（Planning Policy Statement，PPS）和更具弹性的地方发展框架（Local Development Framework，LDF）
第四阶段	2009 年至今	精简审批制度、区域等级调整、地方主义强化、公众参与设限	《国家规划政策框架》《开放规划绿皮书》《地方主义法案》和《发展和基础设施法案》	第一，规划审批程序精简，削弱了规划对发展的控制，以实现发展为要务；第二，调整了空间等级，取消区域层面原有的《空间战略规划》，改设地方企业区（Local Enterprise Zone，LEZ）；第三，放权地方，社区有权自主制定邻里规划；第四，限制公众参与的条件，缩小公众参与范围，以提高项目落实的效率

资料来源：徐瑾，顾朝林，2015a

第二阶段确立了“二级”体系并相应对不同级政府进行事权划分，也标志着英国规划从关注物质空间向更关注政策导向转变。“二级”体系由结构规划（Structure Plan）和地方规划（Local Plan）组成。1968 年和 1971 年的城市规划体系改革，建立了以上级政府与地方政府事权划分为基础的规划体系（孙施文，2005），即结构规划和地方规划的“二级”体系，相对应的是英国政府的三级行政管理体系，即中央政府（Central）、郡政府（County）和地方政府（District）。结构规划强化了对区域协调的认识（张杰，2010），由郡政府编制、中央政府审批，而地方规划由地方政府负责，需要与结构规划保持一致。另外，Hall 和 Tewdwr-Jones（2010）认为 1968 年修订的《城乡规划法》标志着英国规划从传统“蓝图式”向“政策导向型”转变。

第三阶段更重视开放性和弹性发展，逐步明晰了自由裁量式的特点，即规划仅给予开发指导而不规定开发指标，开发商提出申请，地方政府决定是否审批通过。其中，上半阶段调整形成了规划权限下放和"新二级"体系。在20世纪80年代，政府受当时反干涉主义(Anti-interventionist)和新自由主义的影响，将政府权力由郡政府下放至地方政府，并撤销了大伦敦政府等6个大都市地区的郡政府。1991年，为适应行政结构的调整，修订过的《城乡规划法》和《规划和补偿法》(*Planning and Compensation Act*)颁布，将权力下放，由伦敦和六大都市区编制单一发展规划(Unitary Development Plans)，形成"新二级"体系。另外要求规划引导(Plan-led)，即：地方规划覆盖全区，地方政府负责审批，而中央政府仅保留干预权(The UK Government, 1991)。

而下半阶段，建立了开放式政策引导和弹性规划框架。2004年英国政府颁布《规划和强制性收购法》(*Planning and Compulsory Purchase Act*)，城市规划体系又一次发生了重大变革，主要集中在政府对待城市发展的态度、法制基础、规划内容、开发控制的制度方法等(杨迎旭，吴志强，2008)，其特征是更加注重可持续发展的开放式政策引导框架——规划政策声明(Planning Policy Statement, PPS)和更有弹性的地方发展框架(Local Development Frameworks, LDF)。

第四阶段围绕对规划体系的精简展开。首先，在国家层面，精简了自上而下的指导。2012年颁布的《国家规划政策框架》(*National Planning Policy Framework*, NPPF)取代了原来厚达1 000多页的规划政策指导文件〔PPG(Planning Proctice Guidance)和PPS〕，将中央对地方的上位指导凝练在50页中(DCLG, 2012)。2013年颁布的《发展和基础设施法案》作为补充，具体阐释了审批流程的精简办法，以实现高效发展(House of Lords, 2013)。其次，加强了自下而上的力量。在区域层面，颁布《地方主义法案》取消了区域空间战略(Regional Spatial Strategies, RSS)和区域发展机构(Regional Development Agencies, RDAs)。在地方层面，地方发展框架被地方发展规划(Local Development Plan, LDP)和邻里规划(Neighbourhood Plan)所替代，更尊重地方自主性(HM Treasury,2011)，并改设地方企业区(Local Enterprise Zone, LEZ)，取代了原来大范围的面状区域规划，而重点关注块状区域的发展(见图4-1)。

目前形成的英国城市规划体系的结构(见图4-2)，主要体现出以下四个特征。第一，层级。延续了结构规划—地方规划的二元层级的理念，根据发展需要，调整为"国家指导性框架"和"地方发展规划+邻里规划"的层级关系。第二，延续。规划体系中除了规划编制本身以外，也包括了对规划实施、项目审批和落实的过程，体现了对规划可实施性的重视。第三，循环。规划体系中重视实施过程中通过年度监测(Annual Monitoring)和可持续性评估(Sustainable Appraisal)对政策的反馈。第四，参与。规划体系的参与者不仅是地方或区或中央的政府管理部门、专家咨询，也有包括对欧盟引导性政策的遵循和对公众及利益相关者的尊重。

英国的城市规划体系经历了较长的演变发展历程，英国已成为世界上拥有相对成熟的规划体系的国家。其发展演变的根源是为了应对不同的经济发展条件和社会政治环境，体现了经济利益和社会利益等的博弈。以2009年的规划体系改革为例，英国经济持

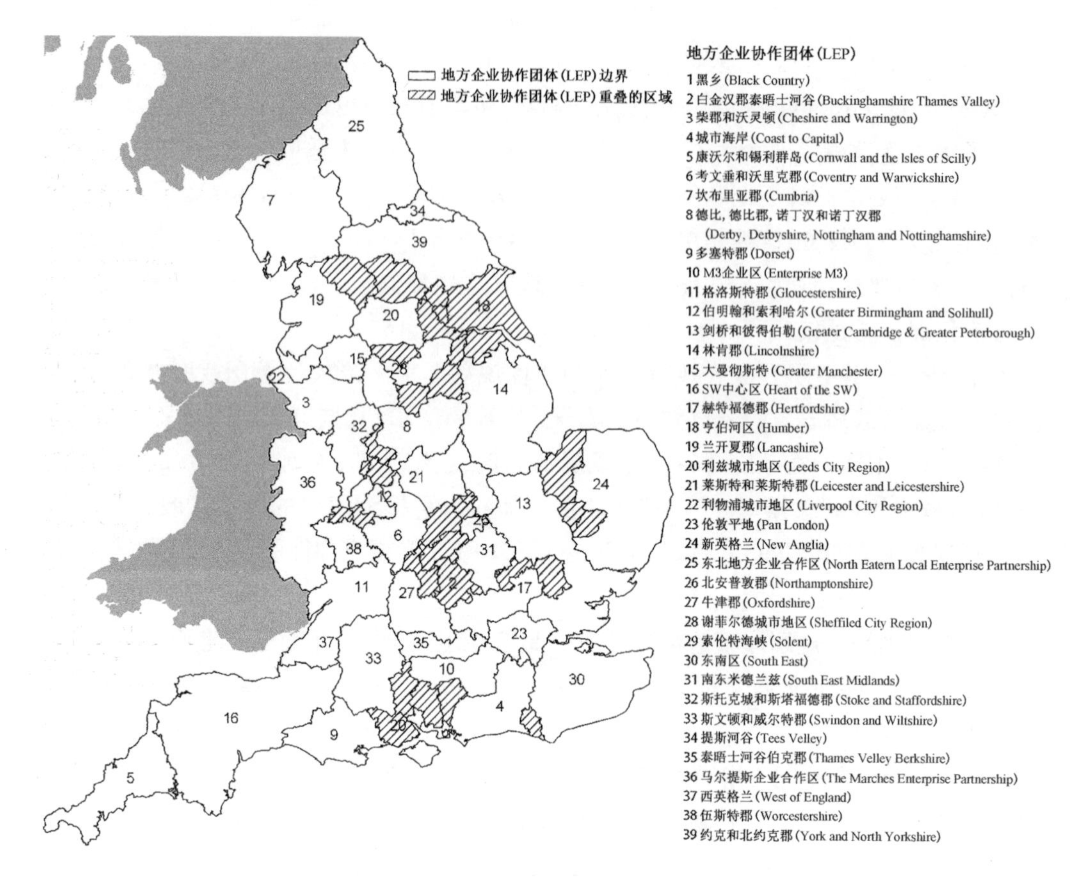

图 4-1　地方企业协作区(LEZ)分布图

资料来源:参考英格兰政府地方企业区官网信息

(https://www.gov.uk/government/publications/local-enterprise-partnerships-map)绘制

续低迷,产业发展疲软,时任执政党的工党已采取的第一轮救市计划并未取得很好的效果,国民经济面临新一轮衰退的危机。保守党与自民党组阁形成的联合政府上任后,落实了一系列对规划体系的重要改革。因而,改革就带有较强的政治因素的影响,也反映了对当前英国城市发展中的新问题的应对。

评估和规划体系的形成并不是同时的,尽管评估体系不存在随着规划体系的演变而变化的规律,但是在英国政府将规划实施评估纳入规划体系的法定要求中之后,二者的价值逻辑和内部体制特征是相似的。在规划体系的演变中,哪些特征在变化,哪些特征得到了保留,也将影响到规划实施评估的工作特征。地方化、可实施性、反馈性和开放沟通性等也将成为规划实施评估工作中的特点。

英国和我国城市规划体系具有以下两点相似性。首先在规划机构设置和管理上都采取了中央集权和地方分级管理的形式,地方规划部门有编制规划和开发控制的权力。其次,在规划内容和解决的问题上,我国的城市总体规划对城市发展发挥了政策性和方向性的指导作用,而英国地方规划在土地利用开发中偏重概括性和政策性,保留了一定的自由裁量权，由地方政府的规划管理部门负责组织评审会讨论开发商土地开发的提案。我国的自由裁量权较小，通过控制性详细规划等明确规定了控制指标，而英国会针对具体开发地段编制行动规划(Area Action Plan)。在规划内容等具体细节上，二者从规划体系的宏观层面来看主要有两方面差异。一方面我国权力更向上更集中，英国近年来的改革更趋向于下放地方，自主性更强；另一方面，我国的公示是在规划审批之后，而英国在规划编制和实施管理过程中融入了大量公众参与环节。虽然我国和英国都提出了在规划方案确定前需要多方征求意见，鼓励公众参与，但我国更多地将“多方”定位在各政府职能部门或专家层面，民主化程度有待提高，而英国通过程序法保障了规划编制程序的合理、公开和透明。

基于以上两国城市规划体系的比较，可以看出，第一，我国现行体系和英式体系在“权威性”和“民主性”、“控制性”和“引导性”、“系统性”和“灵活性”等关系中，非常接近。相比美国、德国等控制性规划体系，英式体系拥有较大自由裁量权，同时也通过监测评估建立规划政策的动态反馈机制，这对应对不确定性有重要意义。第二，英国城市的地方规划为法定规划，其作用和地位类同于我国的城市总体规划，以此作为同层级的研究对象较为合适。第三，两国的规划实施评估都在法律层面做了明确的要求。基于以上三方面的原因，本书把英国规划实施评估作为我国评估工作的参考和借鉴。

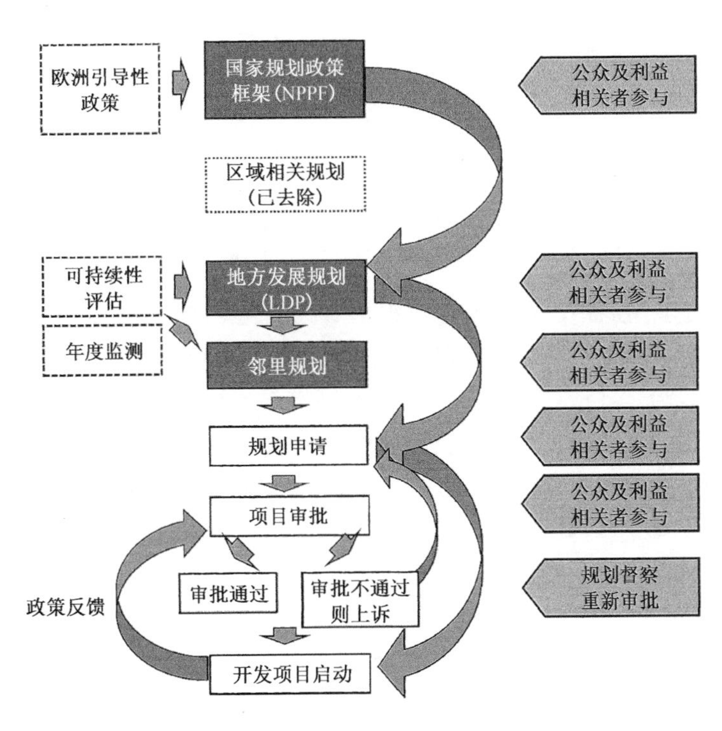

图 4-2　英国城市规划体系

资料来源：参考《国家规划政策框架》和《地方主义法案》绘制

4.2 英国规划实施评估的特征

4.2.1 实施评估在规划体系中的角色

那么，在如上所形成的英国城市规划体系中，规划实施评估在当中扮演了什么角色？首先，依据中央政府对各地工作的指导文件，可以总结出，在政策（包括规划作为一项空间政策）推行过程中，评估是作为实现反馈循环的一个重要环节。英国政府在《绿皮书：中央政府的评估》中提出了“理性分析—规划目标—方案预估—实施监测—成效评价—反馈结果”的 ROAMEF 决策全周期机制（HM Treasury，2020），以确保决策者能及时掌握决策或项目是否被有效地落实。因而，基于这一动态循环的逻辑，规划实施评估被纳入城市规划体系之中，形成了一套完善成熟的城乡规划监督反馈机制。

图 4-3 ROAMEF 决策机制

资料来源：根据《绿皮书：中央政府的评估》（HM Treasury，2020）绘制

根据《绿皮书》中所提及的案例，可以得出对以上六个阶段和阶段间相互关系的基本认识。第一，理性分析是指决策者面对来自专家咨询、公众诉求、权威意见等方方面面的价值博弈，受到政治、经济、社会、技术、法律和环境等所谓的“PESTLE”（Political，Economic，Social，Technological，Legal，Environmental）要素的影响，介于国际贸易、区域合作、技术进步等新的发展背景下，通过敏感感知和理性判断，寻求未来具有竞争优势的发展方向（HM Treasury，2020）。第二，规划目标是指针对发展的短期、中期和长期阶段分别提出的不同目标，而不同目标间的选择是通过方案预估（Appraisals）实现的。第三，方案预估阐释了不同目标在不同情景下，被实现所付出的代价和获得的收益，以及分配到不同群体的代价和收益。往往在预估中通过设立“底线”，即不加干预或干预最少所能获得的收益，与规划引导下获得收益作对比，为此后规划实施绩效的评估提供参考依据。第四，实施监测是指对实施后物质空间、经济指标、人口变化等基本事实的数据性监测，通过搜集实施后输出的数据（Output），并参照规划实施前的状态，从而做出对规划实施是否符合规划预期目标或是否遵循规划设定的发展路径的判断。第五，成效评价不同于

第四步实施监测的是，评价考虑了更广泛更全面的定性数据，权衡了各相关利益主体当前以及未来的利益博弈，从而形成对实施结果(Outcome)的综合认识和评估。第六，反馈结果是整个循环过程的最后一个环节，是指对事实的监测和对价值博弈的评判结论，针对什么规划或政策发挥了作用、为什么或者如何发挥的作用、在什么情况下对谁发挥了作用等问题作出回答，形成对规划实施整体性和价值性的回顾，从而为理性分析以及调整规划目标提供重要的依据。这一循环过程中，实施监测、成效评价和反馈结果三个环节属于本书研究的规划实施评估的范畴，也分别代表了评估所探讨的不同层面的问题。

英国法律法规明确规定了规划实施评估是规划调整的前置条件，这一点与我国是极为相似的。2004 年英国政府颁布的《规划和强制性收购法》(*Planning and Compulsory Purchase Act*)和 2011 年的《地方主义法案》(*Cambridge City Council*)都规定，每年由地方规划部门完成规划实施的监测报告(Annual Monitoring Report, AMR)，包括每年常态化地搜集数据、整理数据、分析数据、撰写报告等，并向中央政府提交报告，报告中必须包括地方开发计划(类似于我国的近期建设规划)的实施情况、地方发展规划中政策落实的情况等内容。同时规定年度监测报告须向公众完全开放(HM Treasury, 2011)。《规划和强制性收购法》中明确了规划修改的两个前提条件——开展规划回顾评估(Review)或者受中央政府的要求。

规划实施评估为地方规划提供了重要的参考依据(Evidence Base)。通过走访英国各城市的规划部门，受访者一直都在强调英国规划的编制基于依据(Evidence-based)。根据受访者对地方规划工作描述，笔者绘制了框架图，阐释作为依据基础的规划实施评估在地方规划体系中的地位，见图 4-4。其中包括年度监测报告、规划回顾、可持续性评价[①]和向公众征询意见等四个方面，规划前评估、规划后评估在规划体系中联系起来(Lichfield and Prat, 1998)，共同发挥为规划编制提供依据的职能。

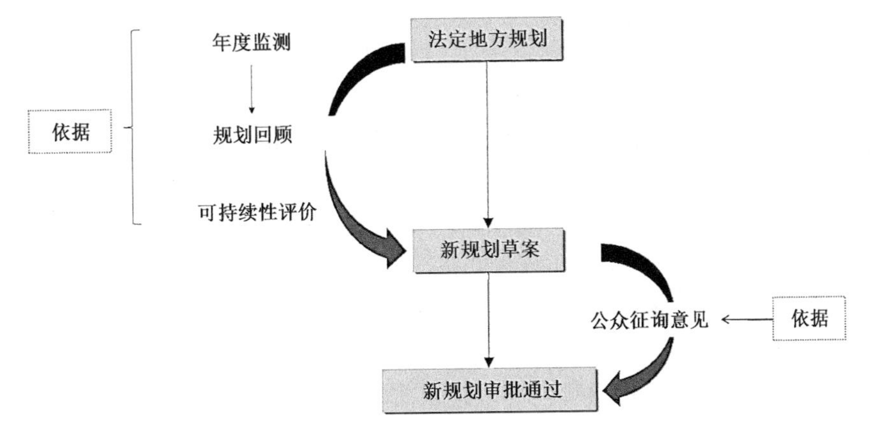

图 4-4 作为依据基础的规划实施评估

① 可持续性评价(Sustainable Appraisal)是指对规划目标可能带来的潜在环境、经济和社会效益做出的预估，是英国城市规划体系中规划审批通过的必要性文件。

根据上述分析，规划实施评估在规划体系中主要承担了三个角色：①在流程层面，评估是规划推行中得以循环的关键环节；②在法规层面，评估是规划调整的前置条件；③在规划编制层面，评估是重要的参考依据。

4.2.2 实施评估实践的“内外环”体系

4.2.1 节阐释了规划实施评估与英国城市规划体系的关系，那么评估自身形成了怎样的体系，法定要求中规定的实施监测、成效评价和规划回顾等环节彼此之间建立了什么样的联系？本书通过对各个环节的内容、作用、时间次序的进一步梳理，将英国规划实施评估实践归纳为“内外环”的体系，并以剑桥市 2014 版地方规划的编制过程中评估发挥的作用为例，阐释“内外环”体系的工作模式。

英国实施评估“内外环”式的动态架构，地方法定规划及其包含的政策具体由两部分组成，详见图 4-5。内环是侧重常态化的一致性比较评估，主要以年度监测(Monitoring)报告为载体；外环是侧重关键性专题的效果评估，以规划回顾(Review)环节为载体。内外环的评估所探讨的是规划实施中不同层面的问题。

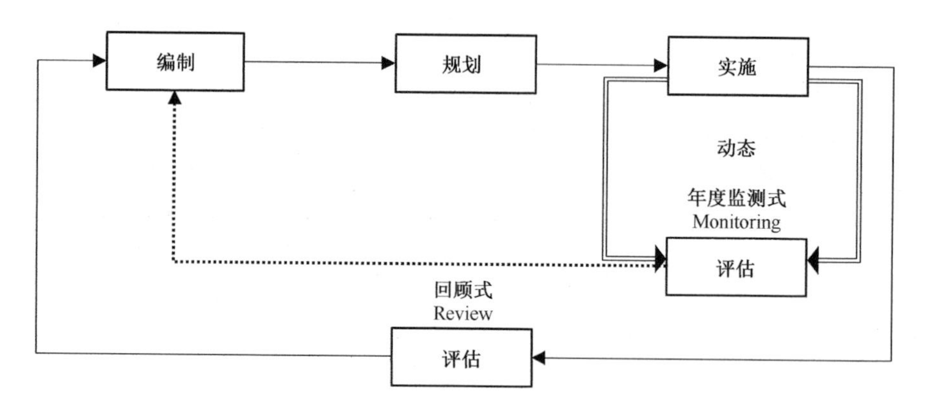

图 4-5 英国地方规划编制、实施和评估的“内外环”体系

内环评估关注事实的监测和描述，由政府依照明确的指标体系，或根据目标所对应的数据，或统计政策的实施率，每年搜集和整理维护数据库，运用定量和定性相结合的方法分析，并公开发布年度监测报告(AMR)，较简便直观地呈现每年城市发展和规划实施情况，并比较和年度实施计划间的差距。因而，内环评估基于对规划目标的尊重，更关注规划实施的严肃性，从而给规划管理部门提供关于实施管理方面的信息和建议，以便规划目标得到更好的落实。在内环评估中采取的主要技术方法包括目标-结果比较、成本-收益分析和综合指标体系等，关键是数据的统计和分析。

而外环评估立足于价值的评判。部分在完成年度监测报告(AMR)时通过数据揭示一些实施过程中的问题，从而明确价值判断开展绩效评估，另一部分在规划编制前的规划回顾(Review)阶段通过征集公众、咨询公司等多元利益相关者的意见，或者委托相关研究机构和咨询公司基于 AMR 的政府数据等展开研究，分析规划实施效果并反思规划目标本身的科学性。因而，有效性评估，更综合地探讨规划目标本身及其实施的有效性，有助于规划决策者及时、深入地理解新背景下的问题。

地方规划代表了一个城市对未来发展的共识。其编制和实施过程都是各利益相关者价值博弈后的产物。审批通过的规划代表了规划编制时专家、政府和公众对未来的共识，而在城市发展过程中，不同利益群体之间相互博弈的力量强弱会发生变化，力量的变化会影响发展的方向和实施的效果，从而构成与原规划抗衡或者说肢解的力量。因而英国采用的评估体系是：一方面通过每年的数据监测（规定了各级城市都不能采用超过 12 个月的监测间隔），掌握城市发展的动向，使城市发展的过程及时地被透明、公开和知情；另一方面，5—10 年内开展回顾式评估，重新审视规划实施过程中不同群体的价值博弈，审视规划目标的合理性。

剑桥（Cambridge）地方规划实施评估的案例

笔者于 2011 年 10 月—2012 年 8 月在英国剑桥市政府实地访谈，并在此后继续在政府官网上关注相关信息发布，追踪了该地区 2006 版地方规划改编为 2014 版地方规划的过程，重点关注了该过程中规划实施评估工作的“内外环”体系的运作模式。

剑桥市一直被誉为英国最相信城市规划作用的城市之一，该城市的规划体系严谨且完善。自从 2005 年以来，剑桥市每年都发布监测报告（内环评估），报告包含更新每年人口、空间、经济、住房、绿色空间等的数据变化，新增规划审批的数据，地方开发计划（Local Development Scheme）的实施情况和实践计划等。以 2012 年英国剑桥市监测报告为例，报告结构严谨，对剑桥市 2016 版地方规划 2006 提出的六个目标“设计、历史保护、居住、生活、工作学习、交通服务”，逐一开展评估，其中涉及目标、指标、相关政策、数据及来源、绩效判断等内容，最后在总结中归纳完成情况并提出待改进建议（Cambridge City Council，2012）。

这一部分监测数据为 2011 年春季开始的规划修编工作奠定了良好的基础。规划从 2011 年春筹备开始，至 2017 年正式审批通过，这期间都属于规划回顾式（Review）评估阶段（外环评估）。可见，评估工作已成为英国规划编制的至关重要的部分。具体的流程如下：

（1）2011 年春—2012 年 6 月，准备提供依据的资料（包括年度监测报告、可持续性评价等）。

（2）2012 年 6—7 月，《核心矛盾和解决方案》（*Issues and options*）的咨询和意见征求。

（3）2013 年 1—2 月，未来开发用地方案的意见征求。

（4）2013 年 7—9 月，地方规划草案的公示。

（5）2014 年 3 月，提交上级政府，并存档。

(6) 2014 年 11 月，举行听证会讨论并检查地方规划。

(7) 2017 年，规划正式稿审批通过，开始实施。

在剑桥地方规划的编制和评估中，有三点特色非常鲜明。第一重视事实的依据为基础(Evidence-based)，第二过程中重视多方价值相关者的充分博弈和意见咨询(Consultation)，第三重视最终方案的多轮协商和审查(Examination)。

根据第 3 章对我国各城市规划实施评估实践的研究，相比而言，我国的评估工作体系的层次性相对较弱，本书将此归纳为“并置环”式的工作架构，见图 4-6。我国在当前评估工作前，对参照对象和价值判断的讨论不够重视，评估以现状研究发现问题或者政策研究目标导向两个特点最为鲜明。由于缺乏参照对象的讨论，通常一致性评估和有效性评估混淆展开，依据评估主体和评估目的的不同，有所侧重一致性或有效性。基于问题导向和目标导向的特点，形成了左右“并置环”的评估工作架构。

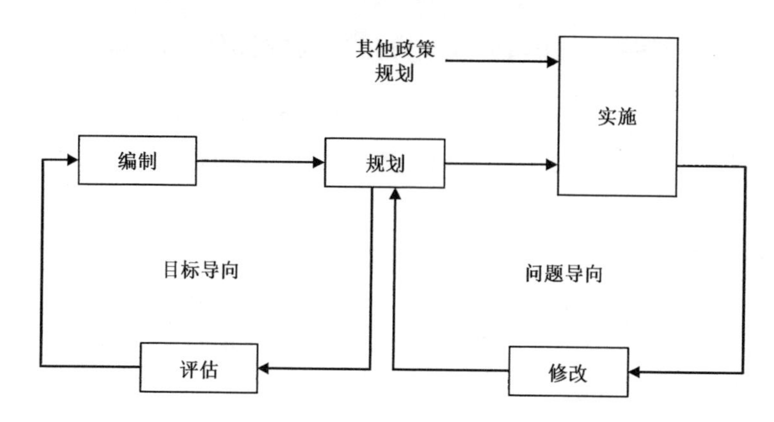

图 4-6　我国地方规划编制、实施和评估的“并置环”体系

右环评估发生在如下的情景中，城市发展和规划实施中出现“肢解”原规划目标的力量，例如不确定的事件、新的政策和专项规划等，从而导致实施结果偏离目标方向的问题。由于大部分城市未掌握成熟专业的评估技术方法，也曲解或误解了《城乡规划法》的要求，将规划评估看做是为总体规划修编而进行的任务性“命题作文”，故而在实践中，以问题为导向，将其作为“替罪羊”的角色(杨保军等，2011)，批判其不适应现时的发展需求。这一过程反映了在我国城市规划实践中对规划的科学专业性和法定权威性的轻视。

另一方面，左环评估往往很大程度上受政治环境和长官意志的影响，当规划编制时间和领导换届时间错位时，常常出现规划审批不到一两年就需要规划修编的案例。在这一情景下，提供技术支撑的规划评估报告，扮演起了规划修编“帮凶”或“工具”的角色(韩高峰，王涛，谭纵波，2013)。这一过程也背离了规划实施评估原本的伦理价值和重要意义。

以目标为导向的典型评估案例

3.2.2节中提到了某市城市总体规划实施评估的案例，这里对其开展总体规划实施评估的背景做一具体阐释，以此说明我国实施评估实践的特点。

该市总体规划年限为2011—2030年。总体规划2007年开始编制，2012年获得批准通过，并涉及了近期规划(2011—2015年)和远期规划(2011—2030年)。2013—2014年，该市领导层换届，新省委书记上任并到该市调研，提出了新的发展战略设想，提出空间发展重点转移的新思路。在上述背景下，某市于2014年4月启动了总体规划实施评估，评估的同时也从人口、用地、空间发展结构、产业转型等多个方面，针对新的战略设想开展前瞻性研究。

综上，英国的评估工作形成了完善的“内外环”式动态体系，内环是常态化的一致性监测式评估，外环是专题性的有效性回顾式评估。二者反映规划实施过程中不同层面的问题，也在不同的时间阶段发挥不同的作用。结合内外环的综合评估分析，反馈城市发展过程中利益相关主体间价值博弈格局的变化，以及新的发展环境带来的契机，为下一步调整规划策略和实施机制奠定了基础。

4.3 案例研究：英国各城市规划实施评估的实践

4.3.1 案例城市基本情况和研究方法

基于上述在宏观体系层面，对英国规划实施评估工作的分析，本节选取具体的城市案例，研究在特定城市开展对地方规划①实施评估实践。同时根据第2章中对评估的关键要素的论述，不同的评估要素形成了不同的评估情景，据此采用不同的评估方法。因而，本节具体研究英国各案例城市开展评估的方法与相应评估要素之间的关系，建立二者之间的映射模型 E-UK $= F(a, b, c, d, \cdots)$。其中 E-UK(United Kingdom)代表英国规划实施评估的方法，a, b, c, d, e 等代表影响方法选择和设计的评估要素，例如评估主客体、目的、参照对象、价值判断标准等，F代表映射关系。

研究最终选取了8个具体调研和访谈的案例城市/地区，分别是伦敦克罗伊登区(Croydon)、伯明翰市(Birmingham)、索里赫尔区(Solihull)、剑桥市(Cambridge)、布莱顿区(Brighton)、达拉谟市(Durham)、刘易斯区(Lewes)和亨丁顿区(Huntington)。具体的地理位置和人口、面积等基本数据详见图4-7和表4-2。

---

① 英国城市的地方规划为法定规划，其作用和地位类同于我国的城市总体规划，详见4.1节对其城市规划体系形成过程的阐释。

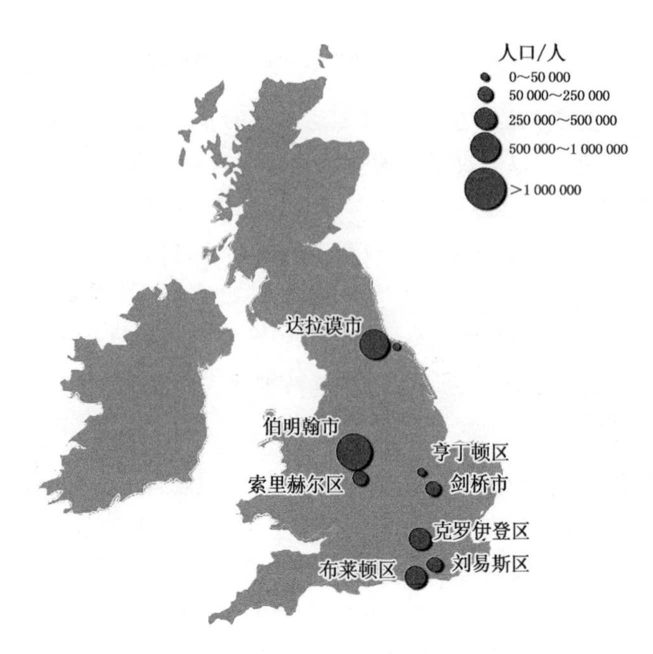

图 4-7　选取研究的英国案例城市

表 4-2　英国评估案例城市的基本数据

城市	类型	人口	面积 /km²	人口密度 /(人·km²)
克罗伊登区(Croydon)	伦敦大都市区 London Borough	349 800	87	4 020.7
伯明翰市(Birmingham)	大都市区 Metropolitan Borough	1 074 300	267.8	4 011.6
索里赫尔区(Solihull)	大都市区 Metropolitan Borough	200 400	178.3	1 123.9
剑桥市(Cambridge)	区 District	119 800	115.6	1 036.3
布莱顿区(Brighton)	南部自治区 Southern Unitary Authority	273 373	87.54	3 122.8
达拉谟市(Durham)	北部自治区 Northern Unitary Authority	513 200	2 676	191.8
刘易斯区(Lewes)	乡村区 Rural District	99 972	292	342.4
亨丁顿区(Huntington)	乡村区 Rural District	22 610	912.5	24.8

资料来源:根据英国国家统计局 *Office for National Statistics* 和各城市政府官网数据整理

以上选取的城市具有不同的规模、不同的行政级别、不同的地理位置,以及不同的政治环境,笔者希望涵盖较多元的城市类型,并归纳不同地区和规模的城市在开展评估时的特点。但这些案例城市存在的共性是,城市规划在该地区都得到相对较高程度的重视,是英国城市规划体系相对完善的范例。

调研方法主要采取问卷和当面访谈的形式,在受访者时间允许的条件下,多采用当面访谈的形式,表 4-3 整理了调研中各城市受访者的基本信息和受访时间。调研前先通过邮件发给受访者访谈问题大纲,约好时间后当面采访,采访的内容涉及开展评估的方法和评估的关键性要素,包括评估的目的、评估的对象、评估的技术方法等。

在调研访谈后，基于扎根理论的方法，对访谈内容和评估资料开展三步骤分析（开放性、轴向性和选择性译码）：①评估要素和方法分类；②比较归纳出评估中各评估要素的特点（基于对中国案例分析所确定的评估要素，例如评估对象、评估目标、评估标准，指标和标准等都是关键的评估要素）；③建立评估要素与评估方法的关系，提炼构建英国评估方法选择的路径。

表 4-3　调研中的各城市受访者列表

城市	受访者职务	采访时间
剑桥市	剑桥大学教授	2013 年 2 月
剑桥郡	剑桥郡政府规划部门规划师	2013 年 2 月
剑桥郡	剑桥郡政府规划部门执行主任	2013 年 3 月
剑桥市	规划咨询公司规划师	2013 年 2 月
剑桥市	剑桥市政府规划部门总负责人	2013 年 4 月
剑桥市	剑桥市政府规划部门规划师	2013 年 5 月
剑桥市	剑桥市政府规划部门前总负责人	2013 年 3 月
克罗伊登区	克罗伊登区规划部门规划师	2013 年 4 月
伯明翰市	伯明翰市规划部门总负责人	2013 年 5 月
索里赫尔区	问卷：索里赫尔区规划部门规划师	2013 年 5 月
布莱顿区	布莱顿区规划部门总负责人	2013 年 2 月
达拉谟市	问卷：达拉谟市规划部门规划师	2013 年 3 月
刘易斯区	问卷：刘易斯区规划部门规划师	2013 年 3 月
亨丁顿区	亨丁顿区规划部门规划师	2013 年 4 月

为什么表 4-3 中剑桥地区受访的对象尤其多？首先由于剑桥市一直被誉为英国最相信城市规划作用的城市之一，该城市的规划体系和评估工作都较为严谨且完善，因而在资源和条件允许的条件下，将该地区作为重点案例详细调研。其次笔者于 2011 年 10 月—2012 年 8 月在英国剑桥市实地访问调研，并与剑桥市政府的工作人员建立了顺畅的联系，因而有机会开展多次访谈。由于本书中涉及的定量数据分析较少，即便有需要在之后研究横向对比时，可将剑桥访谈的结果作为整体一个结果，与其他城市做对比，从而避免由于各地区访谈样本量不同所可能造成的研究误差。

4.3.2　基于评估要素的案例城市调研

根据问卷和访谈结果，以下分别对案例城市评估的不同要素作出描述性分析。

评估参与者包括政府及相关规划部门、公众、开发商、专业咨询公司等多方，尤其是在评估协商会上，可以看到来自各个领域的参与者。而评估主体的确立有所不同，在年度监测中以政府为主导，而当需要对某一关键性专题开展深入研究时，则常常采用由第三方咨询公司开展专业化的“有限评估”。“有限评估”并不追求系统全面的评估，而是紧紧围绕关键问题和地方特殊性。

调研中所涉及的评估对象分为物质空间类（时序性、保障性）和非物质空间类（政策实施度、定性目标的表征指标）的评价项。评估的数据来源于每年的监测报告、调研数据、公众满意度调查、大数据挖掘等，进而评估借助 GIS 和 PSS 量化、成本-收益分析法（CBA）等技术方法（Cambridge City Council，2012）开展。

英国不同城市采取了不同的评估形式，其中包括了回顾式评估、年度监测报告、利益相关者协商会、案例研究报告、成本-收益分析、目标-结果比较等，见图 4-8。

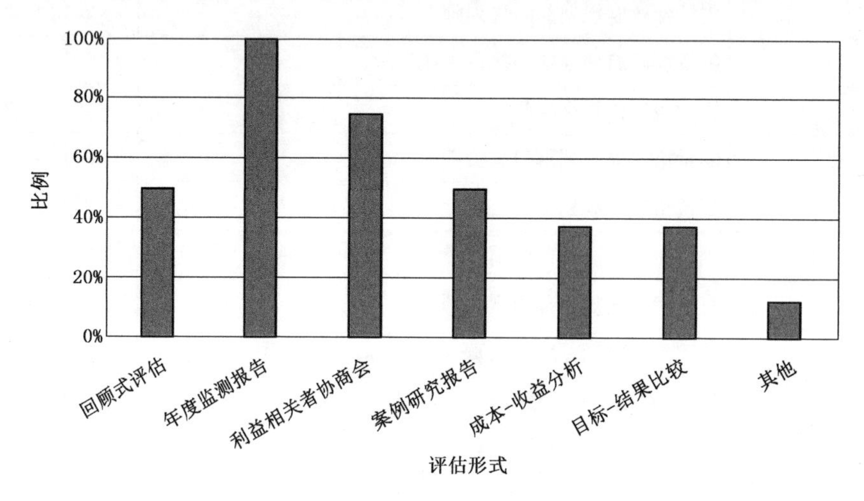

图 4-8　案例城市不同评估形式的比例

资料来源：根据调研的统计结果整理

具体来说，年度监测报告几乎是所有城市都会采用的，通过各项指标的数据搜集和比较，掌握当前实施的动态。意见协商会的形式也较为普遍，近 80%的城市会采用，非常重视公众意见的公开表达和各方价值的充分博弈，未采用的城市是由于受到人力、资源的限制。而类似成本-收益分析、案例研究等方法，通常被运用于对特定发展地区的规划实施评估中，而非地方规划的整体实施评估中。

关于英国规划实施评估形式的访谈记录

评估是规划体系中的必要环节，评估所承担的角色包含着对公众利益的维护和对规划理想实现的热情。如果将评估告诉公众，那么他们将更好地参与其中，贡献他们的想法。但有的时候，评估的角色被亵渎了，只是为了做评估而做评估，并不是为了完善实施和政策，那么此种做法就不是好的尝试。有时候，政府很重视评估的角色，投入很多，包括对公众的宣传，也以此希望评估中能有更充分的价值博弈，更令人信服。

调研访谈中，针对开展评估的目的是什么，能对规划的编制和实施发挥什么作用这一问题，笔者与地方规划部门负责人展开了充分的讨论。根据对访谈记录的内容分析

(访谈记录译文摘要见附录 C),归纳出四个关键词:持续监测、动态递进、参与协商、问责明确。具体来说,英国城市开展评估的目的主要表现在如下:第一,持续性地监测实施的进展以掌握城市发展的状态;第二,根据对事实的把握,动态调整规划实施策略和规划目标;第三,提供不同价值观引导下对城市发展认识的协商讨论平台,以达成对未来发展的共识;第四,通过评估分析实施过程中哪些环节出了问题,明确需要哪些部门负责。

调研城市的评估标准包括经济效益、社会效益、生态效益、环境效益等方面,因城市发展的目标和重心的不同而不同。以各城市的年度监测报告为例,针对不同的评估内容、关注的不同重点设计了相应的指标体系,见表 4-4。各城市涉及的指标项有经济发展、住房供给、环境质量、资源、垃圾处理、交通设施、公共服务、城市设计、遗产保护、可持续发展和气候变化等。各城市关注的评估指标与其城市发展的核心价值导向有明显的相关性。经济发展、住房和环境质量几乎是所有城市都涉及的指标,另外,例如克罗伊登区属于大伦敦都市区,和伯明翰市、索里赫尔区同属于大都市区范围,因而关注了城市发展的基本内容,尤其是大城市为公众提供基本的交通、公共服务设施的重视。剑桥市基于城市定位和历史背景,增加了对城市设计和历史保护的评估。刘易斯区和亨丁顿区处于乡村地区,受可持续发展和气候变化的价值为主导。

表 4-4　案例城市的规划实施评估指标体系

	BD	H	EQ	M	W	T	LS	D	HE	S	CC
克罗伊登区(Croydon)	★	★	★	★	★	★	★	☆	☆	☆	☆
伯明翰市(Birmingham)	★	★	★	★	★	★	★	☆	☆	☆	☆
索里赫尔区(Solihull)	★	★	★	★	★	★	★	☆	☆	☆	☆
剑桥市(Cambridge)	★	★	★	☆	☆	☆	☆	★	★	☆	☆
布莱顿区(Brighton)	★	★	★	★	★	☆	☆	★	★	☆	☆
达拉谟市(Durham)	★	★	★	★	★	☆	☆	☆	☆	☆	☆
刘易斯区(Lewes)	★	★	☆	☆	☆	☆	☆	☆	☆	★	★
亨丁顿区(Huntington)	☆	★	★	☆	☆	☆	☆	☆	☆	★	★

注:① ★表示该城市评估中具有该项指标,☆表示该城市无此项指标。

② BD 代表经济发展,H 代表住房供给,EQ 代表环境质量,M 代表资源,W 代表垃圾处理设备,T 代表交通设施,LS 代表地方公共服务设施,D 代表设计,HE 代表遗产保护,S 代表可持续发展,CC 代表气候变化。

英国各地评估的指标对我们的启示是:第一,针对不同的评估内容、关注的不同重点设计了相应的指标体系;第二,各城市的评估指标的设立体现了不同价值导向对城市发展的影响,也体现了城市发展的定位和方向;第三,非常重视地方特性,同时所有指标和数据向公众开放和征求意见,也体现了开放沟通性。

引用伯明翰市规划部门负责人的访谈中的观点:“不同形式的评估是为了在不同层面上解决问题”,将其作为对各城市评估要素研究的小结。不同城市的评估工作中反映出不同的评估要素,而由此决定了开展评估的时候,具体要解决哪个层面的问题,在什么情景下开展评估。

根据对英国规划实施评估“内外环”体系和评估要素的分析，以及关于事实和价值的讨论，在企图掌握事实的行为中，掺杂着主体价值的判断和引导，英国评估实践中因解决的问题不同，主要呈现出五个层面：第一层面是事实的监测，基于年度监测报告对住房供给量等基本数据有每年的更新和监测；第二层面是事实的描述，针对相应的规划目标，通过定量或定性的方法反应事实中城市发展和规划实施的情况；第三层面是价值的评判，在主导价值判断标准下，依据事实和未来发展需求对实施结果做出评判；第四层面是过程的追溯，关注实施中哪些环节出了问题，哪些部门对其负责；第五层面是结论的协商，在多方利益相关者提出对实施结果和未来发展的判定基础上，充分协商后，形成对规划策略和实施机制的调整意见。

4.3.3 基于评估要素的方法选择路径

本节将英国不同城市的评估案例①，按照第 2 章确定的评估方法类别，依次分析各个方法运用的不同情景和对应的评估要素。

(1) 目标-结果比较的评估案例

由政府发布的年度监测报告（AMR）是最典型的案例，其中基于明确的指标体系和延续性较好的数据基础，直接地呈现每年实施情况，比较和年度实施计划间的差距。作为实施评估的重要载体，年度监测报告的关键作用在于每年汇总相关的数据，统计涉及的政策，实时监测并辅以初步的分析判断。虽然目前地方规划部门所拥有的资源有限，并没有在监测报告中给出明确有指向性的结论，但通过地方规划部门的官方报告的形式向地方政府呈递，既有助于决策者对城市发展的变化有及时的认识，又为公众和其他研究和咨询机构开展进一步专业化评估提供了统一的数据平台。

以伦敦为例，从 2004 年开始伴随着第一版《伦敦规划》(*Local Plan 2004 — City of London*)的公开颁布和实施，此后每年也相应地颁布伦敦规划实施的年度监测报告。监测报告由大伦敦市政府负责，针对《伦敦规划》5 个战略目标、22 项政策、84 项指标的实施情况进行评估，评估周期为每年一次（周艳妮，姜涛，宋晓杰，等，2014）。评估内容涉及城市空间的发展方向、重点区域的空间发展目标、规划政策的核心依据等，项目包括从写字楼、商业、住房、公共设施和基础设施、历史和文化保护、环境保护等方面的内容，并为进一步实现空间发展战略提出具体的实施计划。

监测报告中具体监测的数据类型分为两类，分别是物质空间类别的监测和政策实施的监测。前者采用物质空间类的指标，包括居住密度（Dwellings Per Hectare, DPH）、新建设面积、新增就业面积等，以判断土地开发和经济增长的速度等。英国各城市通过已有数据和趋势分析，对现状是否达标做出判断，并对来年的计划做出及时调整。而后者

① 评估案例的来源一部分为政府官网，一部分为专业咨询公司的公开报告，还有一部分为 Matthew & Lousie 规划服务的评估：英国规划当局的实施评估的创新[M]//周国艳. 城市规划评价及其方法：欧洲理论家与中国学者的前沿性研究. 南京：东南大学出版社，2013.

是在地方规划制定中，每一条目标都对应了一系列相关政策，就每条政策在当年的规划审批和城市管理中是否涉及，统计了不同政策的实施率。

此外，除了采用实施率等定量指标外，英国也通过定性监控的方法确保实施与目标的一致，在主要建设区(Areas of Major Change)，特别关注与涉及政策的对应性，体现对实施过程的动态反馈，确保可控性，如表 4.5。

表 4-5　剑桥地方规划实施进度监测表示例

地段	性质	项目实施进程
艾登布鲁克医院(Addenbrooke's Hospital)	医疗、生物/研究开发	已提交的规划申请： ① 剑桥生物医药园(06/0796) ② 多层停车楼(10/1209)：通过审批 ③ 会议区(10/1209) ④ LMB 楼(07/0651)：已完成 ⑤ 直升机停机坪(10/0094) ⑥ 南部主干路(12/1304)

资料来源：Cambridge City Council, 2012

(2) 综合指标体系的评估案例

综合指标体系的案例主要包括了两个要点：一是如何设计相对应的指标，例如表征目标的指标，或是能最确切地描述事实的指标；另一个要点是建立合理的指标框架。例如为了评估地区间发展的均衡度，引入空间 GINI 指数(Spatial GINI Coefficient)，GINI 指数越高，说明人口在该空间的分布集中度越高。图 4.9 绘制了 1991 年和 2001 年自主创业者分布的 Lorenz 曲线，空间 GINI 系数分别为 0.29 和 0.19。尽管从 1991 年到 2001 年，创业者和劳动力人口数都增加了，但 2001 年 GINI 指数的下降，说明自主创业者空间分布分散化，对创业空间事实的理解增加了一个维度(Wong, et al, 2008)。

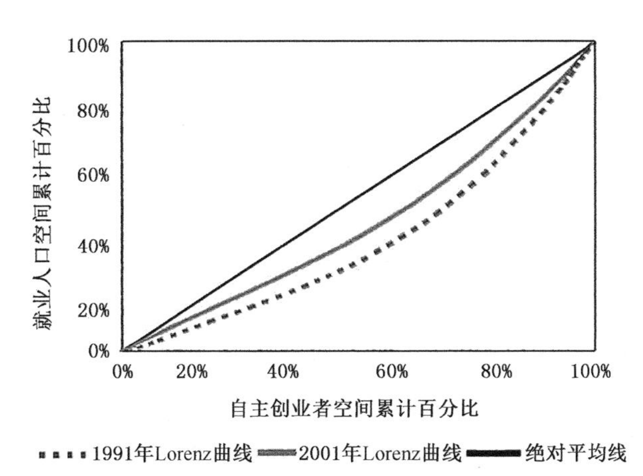

图 4-9　自主创业者的空间 GINI 指数分布图

资料来源：Wong, Rae and Baker, et al., 2008

此外，在指标评估中也有采用通过专业认证的第三方评分机构来评估的方法，例如BfL(Building for Life criteria)指标，关注住房质量和设计质量，由政府在各地方规划部门委派一名专职监督员做出评定(Cambridge City Council，2012)。

(3) 案例质性研究的评估案例

英国评估中案例质性研究的方法，充分体现了评估者作为协商者，主动搜集不同利益群体的意见，强调利益相关者在评估过程中的陈述资料和共同协商沟通，从而建构评估结论的共识，而不是评估者想象出一个骨架。2012 年 1 月 31 日，剑桥市政府组织了一场规划实施评估的协商会，约 50 名利益相关群体的代表参加，其中包括剑桥市范围内的土地持有者、专家学者、普通公众、交通部门人员等。协商会上，各群体首先针对剑桥当前的主要矛盾和未来发展的目标提出各自的意见，其次针对上版规划的政策，各群体对规划政策逐条提出是否在实施中获得成效。

综上，根据不同的评估方法、评估要素的分析，和 4.3.2 节中讨论得出的五个解决问题的层面(事实的监测、事实的描述、价值的评判、过程的追溯和结论的协商)，相对应地归纳出英国规划实施评估方法的选择路径，见图 4-10。

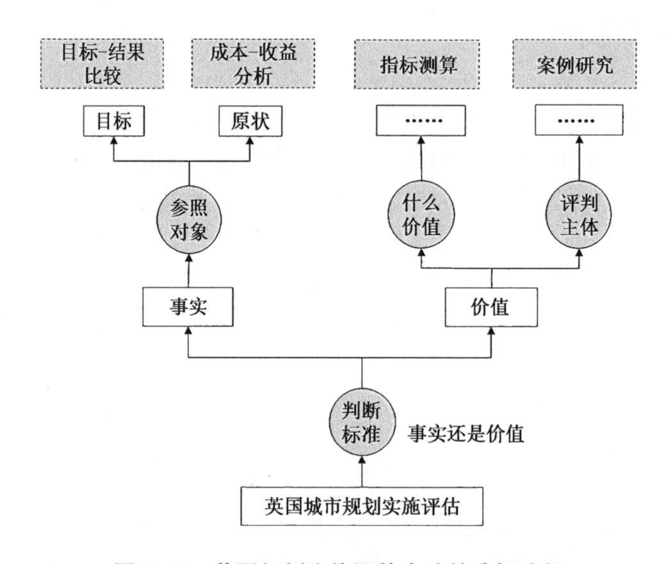

图 4-10 英国规划实施评估方法的选择路径

通过案例和方法研究进一步证实了第 2 章方法研究中提出的假设，即不同评估要素决定了不同评估情景，存在着“要素—情景—方法—结论”的影响链条。相比我国评估方法选择的路径，英国在开展评估时，对不同层面问题的解答梳理得更清晰，数据支撑更扎实且更方便易得，4.4 节会对中英评估方法以及基于英国评估方法研究所得出的经验，做详细阐释。

4.4 本章小结:英国评估体系和方法的经验

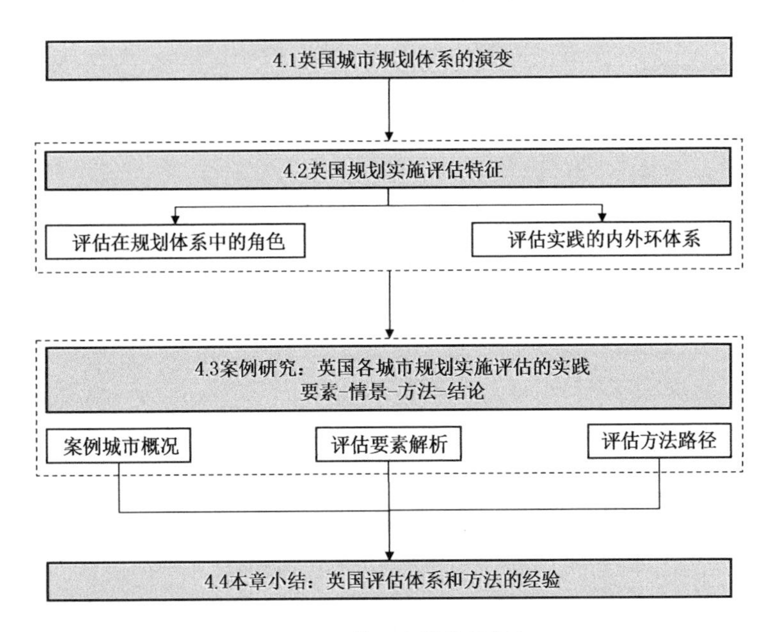

图 4-11　第 4 章的论述框架

本章希望回答的问题是基于英国城市规划实施评估的实践,其评估方法的选择和相关评估要素之间有什么关系？研究方法以文献研究和案例分析为主,并从两个层面上具体分析:一方面在宏观层面分析了规划体系和评估体系的特点和彼此的关系;另一方面通过具体的案例所采取的评估方法,梳理评估在不同层面上解决的不同问题类型,使方法选择的逻辑链更清晰,进而为我国开展规划实施评估提供方法选择的路径启示。

本章研究基于英国评估的基础数据,通过扎根方法的比较、辨析、归类和联系,建立了评估要素、评估情景、评估方法和评估结论等概念之间的联系,具体形成如下四点思考。

第一,评估方法和评估要素的中英比较(见图 4-12)。英国的评估方法已按照评估要素有了清晰的分离,而我国尚处于混沌、一概而全的阶段,并且由于对规划目标和评估意义的认识不足,欠缺长期开展数据搜集和数据积累的持续动力。英国城市的地方规划为法定规划,由地方政府负责编制和实施,其作用和地位类同于我国的城市总体规划,与此同时,二者都有相似的下级规划作为支撑,例如我国的专项规划、控制性详细规划等,英国的补充性规划文本(Supplementary Planning Documents)、特别地区的行动规划(Area Action Plan)等。按照不同的评估要素,梳理了两国开展评估的方法、数据基础、工作形式等。当前我国大城市的发展问题逐渐转变为精细化地调配土地资源和优化土地价值的主要矛盾,英国作为较长期处于这一发展阶段的成熟地区,在推广评估方法和体系,以及良性的规划评估与规划体系的关系等方面有切实的参考价值(徐瑾,2015c)。

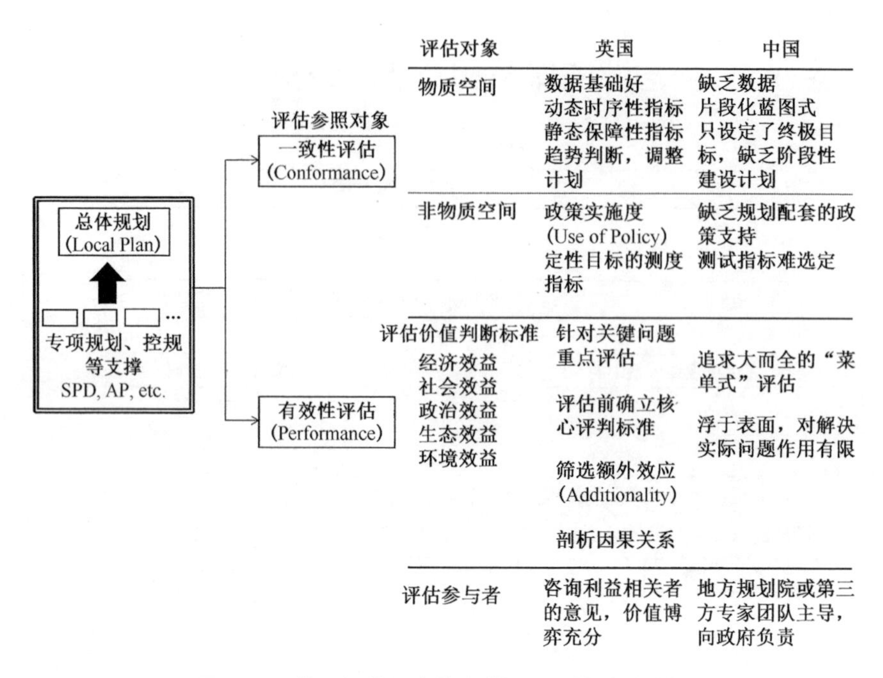

图 4-12　基于评估要素的中英规划实施评估比较

第二，评估情景的中英比较。通过英国的评估实践，梳理出评估工作解决的不同层面的问题。

第一层面，事实的监测。怎么搜集和积累数据。规划实施一致性的评价，是“没有任何技术含量的比对”，任何人都可以做这样一个客观的比对。

第二层面，事实的描述：用什么来描述，对策性的规划目标如何转化为目标性的指标。英国各城市开展评估中，针对不同的评估内容、关注的不同重点设计了相应的指标体系。各城市的评估指标的设立体现了不同价值导向对城市发展的影响，也体现了城市发展的定位和方向。非常重视地方特性，同时所有指标和数据向公众开放和征求意见，也体现了开放沟通性。

第三层面，价值的评判：绩效，有效与否。涉及哪些相关价值，由哪个价值或者说由谁来主导评判有效与否，价值的博弈问题，属于在一致性评价基础上提升，核心是利用规划师的洞察力和战略思维，进行主观研判和理性判读：

（1）客观判断哪些是规划决策的问题，哪些是规划实施的问题。

（2）除了对规划制定本身是否存在问题外，有哪些问题是在规划执行中没有考虑到的，在做规划时没有预见到、判断到的？这些问题在哪？这也可能导致规划实施达不到规划预期。规划评估要找出新存在的问题，对原来没考虑的事情重新打补丁。

第四层面，过程的追溯：机制的回溯，案例质性研究，制度研究，如何能让过程更好，更贴近规划目标。总体规划的实施评估，不仅仅关注规划科学性，即决策问题，更要关注执行实施过程中的严肃性。比如即便规划做得很好，但过去部分城市急于求成，没有将主要精力放在人居保障上。规划执行过程中欠缺严肃性，导致规划实施程度不够高。

第五层面，结论的协商。最后的落脚点，在充分的利益博弈的基础上，第一是完善规划决策，为决策者提供充分信息；第二是调整规划实施重点和策略，看看哪些方面做到位了哪些没有；第三是改进和提升规划的管理及执法监察，提供思路性建议。

与我国相比，每个层面的问题具有相对应的不同困难。例如事实的监测层面持续性统一口径的数据基础的建立，事实的描述层面对规划目标到评估指标的转化，价值的评判层面对价值博弈的讨论，过程的追溯层面对机制、过程的研究，以及结论的协商层面如何融入利益相关群体共同把握决策方向。不同层面值得吸取英国规划实施评估中的经验，以解决现有困境。

第三，评估要素和评估情景。不同的评估要素决定了评估需要在哪个层面上解决问题换言之，不同的评估要素决定了不同的评估情景。实施评估不仅为了明确城市发展的状态，同时也决定了由谁或哪一方面来负责任（Guba and Lincoln，2008）。因而评估结论的含糊笼统也源于评估者在责任赋予时的为难，或是评估参与者不愿意承担责任带来的压力。然而协调式的评估并未将结果看成是单纯的、因果单一的，而是认同判定结果是相对的，在一定程度和范围内根据判定价值取向的不同，是可以变化的，因而责任也受到这一影响，由评估参与者共同承担，而不是单方面的问责。

第四，评估情景与评估方法。在不同评估情景下选择不同的方法，进而得出不同结论。那么如何处理不同结论的关系，什么评估结论是有成效的？基于英国的经验，评估在不同的层面上结论发挥的作用不同。在事实监测层面上，反馈客观信息，以事实依据为导向的评估是否反馈了客观信息。在价值的评判层面上，结论对现状发展出多维度的认识，就是有成效的方法，推进评估结论向更多维丰富的方向递进，评估是递进的、多维的，能反映对现状发展多一个维度理解的结论，就是有成效的评估。结论不是一个“终极真理”式的结果，是在对信息认知基础上得出的对现状轻重缓急的判断。在结论的协商层面上，评估结论取决于评估要素对方法的建构过程。结论的对错取决于评估要素的选择，从而形成方法的架构过程。架构的形成原因和支撑该架构背后的主要价值，是评估结论是否有成效的关键。

综上四点，基于英国的案例以及英国在这方面开展的相关研究，以“要素—情景—方法—结论”为框架梳理了英国规划实施评估的理论，建立起评估要素和评估方法之间的关联，得出不同评估情景下评估方法选择的英国模式路径，见图 4-10。上述分析框架和方法路径为第 5 章方法范式的建构奠定了基础。我国与英国相比，城市规划体系在规划编制、规划实施环节中的问题，例如规划目标的可评估性、规划政策的实施导向、规划目标中数据指标的科学性等很多方面都有待通过评估理论的建立、逻辑链的梳理而进一步改善。

5 构建城市规划实施评估的方法范式

5.1 理论

本书中对规划实施评估的理论研究属于“规划中的理论”的范畴，解释如何操作如何应用的问题(张庭伟，2012)。因而评估研究作为应用研究，与一般的基础科学研究有所不同，第 3 章和第 4 章在对规划实施评估实践案例的研究也体现出了评估研究既作为经验社会学研究的科学性，力求结论的客观中立，又需要与政治等非学术性因素充分融合的“双重性”(Stockman and Meyer，2012)。根据与基础研究的不同，对二者的区别做了一个归纳，见表 5-1。

表 5-1 评估研究与基础研究的比较

	基础研究	评估研究
类型	理论为导向，解释现象，解答问题	应用为导向，目标明确
目的	为社会进步，认知的进步	为作出决定，或指导实践
结论	向前推进的认知	提供委托方积极或消极的判断
研究对象	自由选择	外部决定
获益	所有	委托方，价值倾向的群体
资源供给	自主搜集，社会提供	委托方提供、搜集
时间框架	一般没有时限	有时限
结果	解释	解释和评价
背景条件	一般无特别限制	受政治、政策影响

资料来源：参考(Stockman and Meyer，2012)整理

根据表 5-1，可以看到，基础研究是一个理想状态下的研究，完全独立不受任何群体的影响，单纯为了探寻认知的进步。然而，评估研究受到政治和科学两方面力量的挟制，处在“左右为难”的境地。一方面评估具有政治性的工具要求。即便是由独立的机构来开展评估，评估方法和结论在象牙塔里被隔离起来，不受政治化的影响，坚持中立的价值

观，也是很天真理想化的假设。另一方面评估属于经验社会学、公共政策学等领域，需要遵循学科本身的规则和标准，因而也存在着学术的专业化要求，有时因其以应用为导向，但从科学研究的角度看常常被质疑。

关于规划实施评估与政治影响因素关系的访谈

北京规划实施评估负责规划师：

在这一轮总体规划修改和规划实施评估中，很大的问题不是在于政治环境或者说领导意志的力量特别强，而是在于很多时候在高压环境中开展评估的规划师习惯性地不自信，对专业技术能力不自信，总是去揣摩可能并未表达的领导意志。尤其是当存在多方领导意见时，规划师编制规划或评估，不是在寻求大众的共识，而是在猜测领导的共识。可能原本的技术逻辑和专业科学性还是相对清晰的，但是在这样的不自信之下，却带给评估更大的障碍。

上海规划实施评估负责规划师：

之前有人讨论到评估是要第三方来做，还是可以自己评估，我个人觉得这并无有太大区别，关键还是在于技术路线本身的专业性。被真空隔离起来，一点不受政治化的影响，那种绝对中立的状态是过于理想化的。通常自评估的好处是，对当地发展数据的基础好，情况了解清楚全面，上手快。而第三方评估首先需要较长期的调研，另外数据共享目前还是问题。但数据信息其实是很影响评估结论的，什么信息表达什么不表达，背后可能代表了赋予哪些群体表达的权力或者剥夺权力。评估是信息搜集的过程，获取和提供了什么信息，将会影响评估结论的判定和下一步的决策。

基于以上评估研究的双重性特征，相应地有的评估方法更偏向于限于在科学学术范畴内讨论，而有的需要满足实践应用的需求。具体更偏向于哪一方，则受到不同评估要素的影响，从而应在不同的评估情景下，选择不同特性的评估方法。

以下根据前两者案例分析中的方法和第 2 章的方法集，对应不同的评估要素，分别形成五组具有相对应特性的评估方法特征，分别是：一致性与有效性、目标性与对策性、技术性与机制性、前瞻性与实效性、实证主义与建构主义（表 5-2）。

表 5-2　评估要素对应下形成的评估方法特征

评估要素	方法特征
评估参照对象	一致性与有效性
评估对象	目标性与对策性
评估结果与过程	技术性与机制性
评估目的	前瞻性与实效性
评估参与主体	实证主义与建构主义

5.1.1 一致性与有效性①

根据评估参照对象的不同，评估分为现状年与规划目标比较的一致性评估和现状年与初始年比较的有效性评估。在第 2 章 2.3 节对评估要素的分析中，对一致性与有效性的争议和矛盾点有过具体的阐释。一致性与有效性的矛盾和协调问题，体现了城市规划实施评估的特殊性，不同于明确量化的评估类型，体现了城市发展中的不确定性和价值博弈的变化。规划编制初始年，基于编制过程中所考虑到的不同价值群体（利益相关群体）的诉求，最终达成对城市发展和城市资源（空间、经济、环境等）对不同价值群体的分配方式的共识，也就是形成了规划目标。而规划实施结果其实呈现的是实施过程中由于新群体的介入或是群体间价值关系的变化，最终博弈形成的平衡状态。因而评估其实是对价值分配的合理性和落实程度做出判断，回答是否按照原规划分配价值（一致性评估）、价值分配是否合理、是否需要调整价值分配方式（有效性评估）的问题。而二者在本质上其实代表了两种综合的价值标准，前者代表了过去规划初始年的综合价值，后者是当前发展状态下的综合价值标准。

为了进一步比较一致性评估和有效性评估在内涵、参照年份、价值标准等方面的不同，笔者在表 5-3 中做了一个归纳。

表 5-3 规划实施一致性和有效性的比较

	内涵	参照年份	价值标准	评价方式	评价视角	规划问责	背后原因	措施
一致性评估	规划实施结果和编制规划目标是否一致	现状年与目标年比较	原价值标准符合与否	多与少（定量）	规划作为空间资源分配的原则	失灵	实施严肃性 不同利益主体的交织博弈、不同层级政治因素的导向等都是“肢解”规划的力量，给规划的实施带来很多不确定性	提升规划实施管理严肃性
有效性评估	规划实施结果是否发挥有价值的效果	现状年与规划年比较	现价值标准满意与否	是与否（选定测度指标）	规划作为公共政策	失效	规划科学性 迅速变化的发展环境、难预料的大事件、规划对未来的预估能力	规划编制科学性

具体来说，就一致性而言，实施的结果是规划和实施机制相抗衡后妥协的结果，当出现实施结果与规划目标不一致的情况，规划“失灵”或者说失控，即规划在很大程度上是合理的，而是实施机制支持不了，受到以下因素的影响：部门协调、社会机制、资源机制（实施的资金链，规划前宜作经济成本的评估）、规划管理和监督（追责、权利和义务并存）等（宋彦，陈燕萍，2012）。那么，一致性评估的背后折射的其实是实施过程严肃性的问

① 本节部分内容来源：徐瑾，2015c. 城市规划实施的一致性和有效性评估//李锦生. 中国城乡规划实施研究. 北京：中国建筑工业出版社：50-57.

题，而在未来提升实施一致性的方法是落实实施重点和配套机制。

就有效性而言，有效与否的评判较为复杂，所涉及的利益是高度综合的，由于无法用单一的数量、资金等量化指标来衡量，往往强调的是多元价值观博弈后的综合利益最大化或某主导价值标准的利益最大化。有效性由城市不同发展阶段的不同价值观、不同主导价值评判标准下不同的评估要素决定，可能是由于规划本身的科学性问题，也可能是随着城市的发展变化，多元价值观的主次轻重发生了变化。那么，当一致性强于有效性时，表现为规划"失效"，有效性评估折射出的是规划科学性的问题，而下一步提升有效性的方法是调整规划决策。

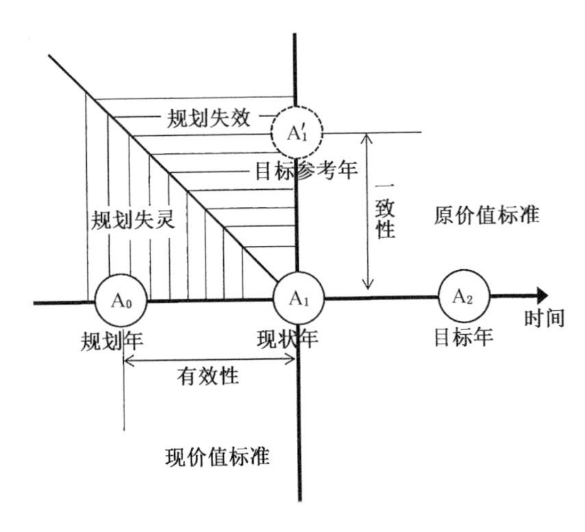

图 5-1　规划实施一致性和有效性评估的关系分析图

若单纯采用一致性评估，存在两个难点。第一，一致并不代表实施得好，不一致并不一定就代表实施得不好。既可以说不一致的是违反原有规划的，也可以说是由于发展环境的不确定性，原有规划的科学性和合理性受到影响。第二，实施过程中某个阶段成果的评估与目前我国蓝图式规划目标的长期性相矛盾，需要解决如何定量或定性地推导出阶段性目标与阶段性成果比较的问题。

然而单纯采用有效性评估，也存在两个难点。

第一，"有效"的定义难确立，有效的绩效指标难以定量化。经济学的概念为某类资源的价值衡量提供了一定测算的理论和方法，例如影子价格、消费者剩余概念等(在 2.2.1 节中有详细的解释)。然而，即便定量化后，也常会出现当某方面的绩效指标显示较优，而其他方面的价值可能表现平平的情况。因为规划实施行为的评估和经济行为中的商品(或者说某类资源的评估)有一定程度的差异。

规划实施行为的参与主体比经济行为的参与主体更多元，利益博弈关系更复杂。经济行为与供需关系直接相关，与规模和数量有关，消费者和生产者的角色也非常明确。当存在收益时经济行为被认为可行，这也是经济学上采用很多例如影子价格等边际概念分析问题的原因。然而规划行为是不能等比例放大推广的，这是因为城市中不同区位的特征是不同的，也就是说即便将城市空间作为生产的产品，其本身是不匀质的。另外，参与主体的多元也导致消费者、生产者对象的不明晰，例如规划编制是由政府、规划局主导，规划院协作；规划实施由政府主导，有时开发商参与；受益者是城市、公众和获得经济收益的开发商等。并且，规划行为的价值标准是多元的，有时一个项目因能带来更大更广泛的公众利益而被实施，有时一个项目因开发投资的盈利模式的成功而成功，有时一个项目因政府的领导意志或政绩观念而形成等等。没有对多元价值观的博弈和分析，很难确定看待规划实施结果和过程的导向性。因而如何赋予价值评判标准不同的权重或确立适合的主导价值标准，是得出有效与否结论的必要前提。

第二，规划实施的所有效果并不直接与规划因果挂钩，有效与否是规划和其他因素共同干预所致，引用经济学上的概念，需要将规划以外的“额外性(Additionality)”成效剥离。

一致性与有效性之间的矛盾和争议，反映了规划实施评估的核心难度，在于寻找一种既能评估一个特定目标的实现程度，同时又能评估目标本身是否恰当(Vedung, 2010)的方法。评估结果受到实施的严肃性和规划的科学性等因素影响，常出现一致与否和有效与否混淆难分的情况。

选择一致性评估抑或是有效性评估的方法与各个评估要素(评估目的、评估开展的时间节点)以及对规划目标的认识(Alexander and Faludi, 1989)都是相关的。第一，如果认为规划是控制未来发展的重要工具，那么规划目标的实现度非常重要，需要及时监测实施的结果。第二，如果认为规划作为一种战略性的愿景和引导，规划编制之初就做好了实时的动态调整，Faludi(2000)称之为“学习的过程(planning-as-learning)”，那么评估发挥事实的描述和价值的评判的作用。在这一情况下需要同时通过对实施机制的回溯和对发展现状的研究，甄别到底主要矛盾是落在规划科学性上，还是在实施严肃性上。

评估的一致性与有效性的差异在于评估参照对象的不同，但本质上还是评估价值标准的不同。一致性体现的是以原规划目标作为判断依据，延续了编制规划时对城市发展和主要矛盾的判断；而有效性体现的是现状条件下，新的发展环境和未来新的趋势带来的价值标准的变化，经济学、政治学等领域的研究为树立新的价值判断标准，以及如何合理进行价值转化以实现价值的可测算，奠定了基础。

5.1.2 目标性与对策性

根据评估所参照的规划目标的不同，评估又分为规划中明确的结果式表述的目标性评估(例如人口规模控制在某一数值左右等)和趋势措施式表述的对策性评估(例如“逐步疏解旧城的部分职能”“推动文化产业发展”“加快绿地系统建设”和“提高市政基础设施现代化水平”等)。

目标性评估一般指的是评估对照的规划目标是具体量化的客观性指标，一般包括针对用地、空间等明确的可以通过技术手段测量和比对的评估目标。这种评估最初脱胎于建筑师或规划师的朴素理想，认为如果理想空间真真正正原原本本实现了，那是规划目标实现的最高境界，也就是受所谓“实体空间（环境）决定论”的影响（尹稚，2010）。

另一方面，对策性评估则指的是对照的规划目标是规范性的、笼统的、较难量化比较的，一般包括针对战略性或方向性的目标的评估。通常，对策性评估通过建立对策—目标—指标—数量的承接体系，使得对策可以被量化并比照。但是，也存在一些无法或者说即便用定量系统也很难量化的对策，例如面向战略方向的总体规划和控制性详细规划的标尺不同，较难简单分解成量化测度的指标，因而需要采取定性的描述、案例质性研究、协商等方法。

就目标性评估而言，其主要难度在于数据目标的科学性、数据统计的基础，尤其是在需要对事实监测时，如果实施年限尚短，相关指标对应的数据变化不大，甚至数据测量的误差都可能比数据变化的幅度大，就在测量层面给评估带来很大难度。就对策性评估而言，评估的难度很大程度上在于规划的整体性、长期性与实施的分散性、近期性矛盾突出。因而在规划编制之初，需要注意规划内容本身的可评估性，为后期开展针对性的对策性评估埋下伏笔。

5.1.3 技术性与机制性

根据评估对象的不同，评估分为针对实施结果的技术性评估和针对实施过程追溯的机制性评估。

具体来说，技术性评估是指将对规划实施结果中的空间要素和部分可量化的非空间要素开展在技术层面的分析，例如实施一致性的比对，相关指标吻合程度测算，孙施文（2015）也将其称为基础性评价。技术性评估主要是在事实的监测和描述层面，最终提供实施结果的多或少、好或坏、均衡或不均衡等判断。

另外，机制性评估是指对规划实施机制的评估，包括对实施过程的回溯，部分实施案例的深访，对实施的财政投入、配套的制度和政策支持等的评估。机制性评估主要通过对实施过程的追溯，回答为什么形成目前的实施结果，有哪些政策对实施发挥了作用（实施度），哪些主体参与了规划实施，各自在其中发挥了哪些积极或消极的作用，实施的困难和障碍是什么。评估结论往往与政府运行、城市管理和实施对策的制定相结合，在规划目标确定的情况下，为设计相适宜的实施路径提供补充。

5.1.4 前瞻性与实效性

根据评估目的的不同，以及评估中是否考量未来城市发展的新条件，是否对未来发展方向和趋势做出判断，评估分为考虑未来城市发展新条件和趋势的前瞻性评估和回顾过去规划引导下城市发展取得的成效的实效性评估。

规划实施评估的以上前三组特性，包括一致性和绩效评估、目标性或对策性评估，是立足于对过去规划实施成效的评估，对过去发展的回顾、检讨或反思，即为了评估实效性。

其次，当评估目的包含决策研究，以及对城市未来发展的判断时，即为前瞻性评估，需要根据城市发展中的新事件和新条件，研究未来发展的新趋势，也为规划的修改提供指导意见(郑德高，闫岩，2013)。前瞻性评估在时间维度上拓宽评估关注的视野范围，不仅评估回顾过去规划的实效性，也关注新要素干预下的未来趋势。根据实践案例的研究，前瞻性评估往往在城市发展环境发生剧烈变化的时候，尤其对规划修改和决策研究的评估目的，有较大的意义和必要性。例如，北京 2010 年的总体规划实施评估中，由于 2008 年金融危机之后，大量产业投放出现饥不择食的态势，同时又受到奥运会，首钢、三一重工等大型产业调整等大事件的影响，因而 2010 年评估中纳入了很多前瞻性的评估内容，最终通过评估统一了思想，达成了共识，尤其是重视人口、资源和环境的统筹，不再上大项目，控制底线，为当时编制“十二五”规划提供了主导支撑，其影响也延续到了 2014 年总体规划修改前评估，为总体规划政策的调整提供了方向。上海 2005—2010 年的总体规划实施评估也与上述类似，针对 2003 年世博会申请成功、虹桥枢纽等大事件对未来城市的发展开展了前瞻性的评估。

5.1.5 实证主义与建构主义

根据评估的价值判断标准和评估参与主体的不同，评估分为主要以事实为依据的实证主义评估与由多方利益相关主体参与评估的价值判断的建构主义评估。

实证主义和建构主义的关键区别在于如何看待和认识客观事实，以及如何获取客观事实数据的问题(Bachtler and Wren，2006)。由于评估选取的数据信息的途径和信息本身影响了评估的判断，实证主义的方法希望以最客观中肯的视角获取信息，并根据全面的信息来源，做出判断。具体属于实证主义的方法包括：成本-收益等指标的监测计算、对照组实验设计、规划实施结果与空间目标的一致性比对等技术方法。

相反，建构主义的方法则认为，客观中肯是理想化的状态，现实中，做出判断都需要建立在一定的价值观基础上(李王鸣，沈颖溢，2010)，同时不存在完全价值中立的信息来源，也不存在绝对的客观标准作为评估的标准，信息的搜集和标准的建构都受限于评估者的认知体系。因而，没有必要追求绝对价值中立的状态，但有必要在评估中通过从多方利益相关者中获取信息和判断，在协商中完善对实施成效的认识，从而达成对规划实施评估结论的共识(Guba and Lincoln，2008)。建构主义评估方法鼓励利益相关者的充分参与，他们的意见和建议成为评估报告的重要内容，例如在英国地方规划的回顾阶段召开的协商会等，而撰写评估报告的规划师并未在其中发挥主观能动性，也未对评估结果做出评判，只是作为其中的组织者，不如实证主义方法更有赖于技术人员的专业性做出评判。

综上分析，实证主义和建构主义二者的本质区别在于如何认识事实与价值的关系，将实证主义评估和建构主义评估的评估要素做一对比，整理成表格，见表 5-4。

表 5-4　实证主义与建构主义的评估要素比较分析

评估的关键要素	实证主义	建构主义
理论认知	客观真实存在 非黑即白的判断:有效或无效 事实、统计和可量化的数据	不存在绝对的客观真实 通过参考相关利益主体的观点考察绩效
评估的判断标准	价值中立	具有不同倾向性的价值判断
评估的作用	技术工具 参照某一标准作出判断	揭示问题,启发作用 相关利益主体对实施价值的评判
评估具体方法	定量方法或经济计算	定性方法,案例分析,或量化指标
评估机制	自上而下	自下而上
评估的参与主体	公众被动参与,依赖技术专家为评估主体	多方高度参与协商,价值判断建构评估共识

基于以上五组规划实施评估的理论特性,将第 2 章中归纳形成的四类方法集分别与之相对应,整理成表格。本书将通过设计不同准则选择评估方法依次属于五组相对理论特性中的哪一类,再根据不同的特性导向不同类别的评估方法集。表 5-5 为这一工作奠定了基础。

表 5-5　四类实施评估方法集的理论特性分析

实施评估方法集	特性 1	特性 2	特性 3	特性 4	特性 5
成本-收益分析	一致性与有效性	目标性与对策性	技术性	实效性	实证主义
目标-结果比较	一致性	目标性	技术性	实效性	实证主义
综合指标体系	一致性与有效性	目标性与对策性	技术性	实效性	建构主义
案例质性研究	一致性与有效性	对策性	机制性	实效性与前瞻性	建构主义与实证主义

5.2　准则

根据规划实施评估关键要素的不同,分别形成了 5.1 节中评估方法的五组相对应的特性,成为规划实施评估方法研究的理论基础。因而,在开展实施评估时,首先,通过不同先后次序的准则设计,明确相关的评估要素,这也就确定了评估的不同情景。由于每组特性对应的评估方法在不同评估情景下解决不同层面的问题,因而第二步,根据评估的需要从每组特性对应的方法中做出选择。最终形成了要素—情景—方法的联系,也就构建形成了规划实施评估方法模型 Evaluation $= F(a, b, c, d, e, \cdots)$。

这一方法模型中,Evaluation 代表规划实施评估方法集,a, b, c, d, e 等代表影响方法选择和设计的评估要素，F 代表映射关系，即这里所说的准则。根据第 3 章和第 4 章基于实践案例的研究，归纳了不同评估案例中方法选择的路径，通过总结不同路径的异同，最终得出五条关键性准则，后文将做具体说明。

据此，形成了基于五准则的规划实施评估方法 ABCDE 选择树模型（简称“方法选择树模型”），见图 5-2。这一选择树模型反映了评估方法的选择和不同评估要素之间的映射关系，也绘制了评估方法的选择路径。该模型的流程由下至上，每个圆形节点处为一条准则，每个白色实线方块代表一个特性选项，可根据不同的评估要素确定经准则判定的圆形节点后树权的分支走向。最终，树权导向白色虚线方块，白色虚线方块代表不同评估要素影响下所对应的规划实施评估方法集，该方法集为具体开展评估实践提供同类的技术方法。

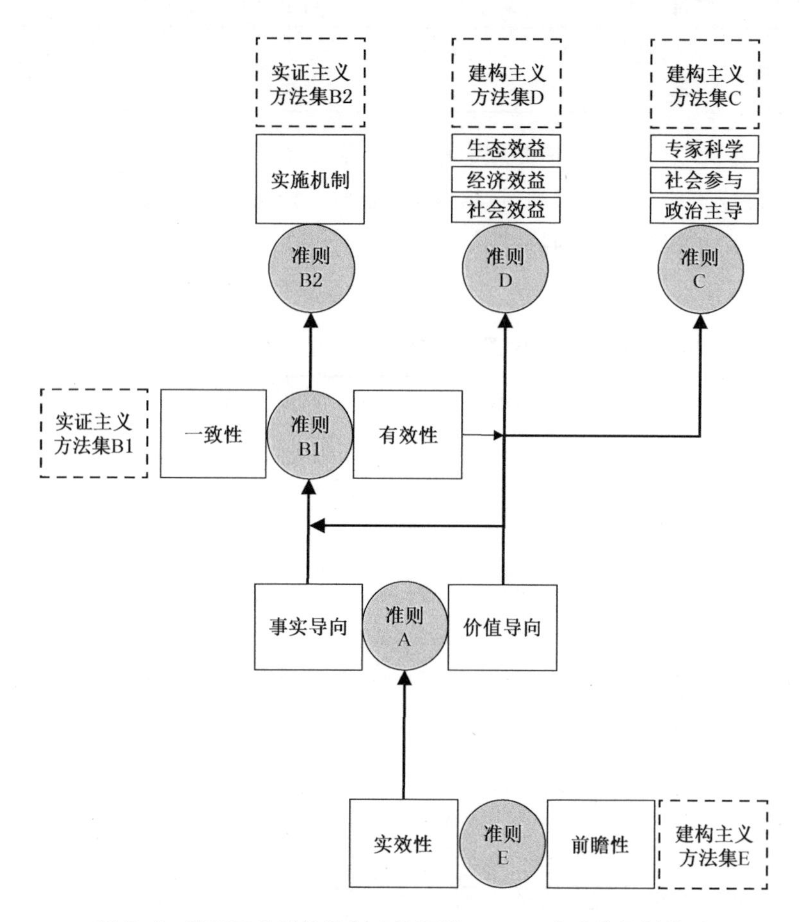

图 5-2　基于五准则的规划实施评估 ABCDE 方法选择树模型

5.2.1　准则 A：事实导向，还是价值导向

Ⅰ类（事实导向）：评估中完全以原规划目标和现状事实作为客观依据，以监测实施的效果为目标。价值中立，最终产出是规划实施的情况怎样，事实如何进展，实施后城市

发展的真实状态什么样。

Ⅱ类(价值导向):评估中涉及不同利益相关群体的价值博弈,不同价值判断标准间的权衡,超越了仅仅为获得事实、注重测量和描述的范畴。评估结论不仅是监测事实和描述状态本身,而是由不同评估主体参与下最终建构形成的结果。

5.2.2 准则 B:原始状态,规划目标,还是中间过程

准则 B1:和原始状态比较是否有效,还是与规划目标比较是否一致?

Ⅰ类(一致性):评估实施结果与规划目标相比的一致程度。

Ⅱ类(有效性):评估实施结果相比规划编制时的原始状态,是否有优化提升。

准则 B1-1:规划目标可评估吗?

Ⅰ类(目标性):所编制规划为目标型,明确规定了规划实现的具体指标和目标数据,类似人口、用地等。根据客观事实判定实施结果是否符合规划目标,发挥对规划实施结果监测管理的作用,类似英国的年度监测报告(AMR)。

Ⅱ类(对策性):规定了规划实现的相关项,但未对目标数据做出明确数字要求,需要设计从对策到目标到具体指标的承接体系,并运用经济学方法、空间句法、指标体系等技术方法。例如空间建构(结构性)、提升生活品质,创建生态城市等规划目标。

准则 B2:实施机制的甄别。

Ⅰ类(技术性):暂不关注追踪实施机制和路径,仅监测实施目标的完成情况。

Ⅱ类(机制性):关注实施,根据实施结果,甄别实施过程的合理性,一般采用案例法、政策分析的方法,提升实施的严肃性,也为更好地落实规划目标提供机制设计的建议。

5.2.3 准则 C:参与主体

Ⅰ类(客观依据):依据事实的评估手段,一般针对用地和空间结构的评估,通过数据监测或量化指标对事实的描述做出评判。

Ⅱ类(专家科学):运用专业化的技术手段,例如建立指标体系、模型,或者采用专家打分制、综合指标体系等方法。

Ⅲ类(社会参与):通过问卷、访谈、意见协商会等形式搜集公众等社会中其他利益相关群体对规划实施的意见。

Ⅳ类(政治主导):在特定政治环境下,设定新的发展目标,以目标为导向评估当前实施结果的优劣。

5.2.4 准则 D:价值判断标准

Ⅰ类(空间效益):空间结构、空间形态的一致性,空间经济产出等方面的实施效果。

Ⅱ类(经济效益):成本-收益计算、其他经济类指标的测算结果等。

Ⅲ类(社会效益):公众满意程度、社区活力和融洽度、身心健康等。

Ⅳ类(生态效益):给生态环境带来的增益。

确定价值判断标准后,都需要相应地对某类判断标准的表征指标进行研究。

5.2.5 准则 E:当前和未来发展新条件

Ⅰ类(实效性):暂不考虑,未来城市发展背景的变化重点比较城市原状和规划目标。

Ⅱ类(前瞻性):需要考虑现阶段未来城市发展新环境和背景,例如大事件的影响等。

5.3 方法

根据方法选择树模型,具体的选择评估方法的步骤和流程如表 5-6 所示。

表 5-6 评估方法选择的具体流程表

<table>
<tr><td colspan="2">步骤 0:研究评估对象,确定评估目的、对象等关键性评估要素</td></tr>
<tr><td colspan="2">步骤 1:准则 A:事实导向,还是价值导向
选择 A-Ⅰ:侧重以客观事实为评估依据;选择 A-Ⅱ:侧重不同价值标准的博弈协商</td></tr>
<tr><td rowspan="2">步骤 2</td><td>步骤 2-1:准则 B1:原始状态还是规划目标
选择 B1-Ⅰ:以结果与目标是否一致性为标准;选择 B1-Ⅱ:以结果比现状是否优化为标准</td></tr>
<tr><td>步骤 2-2:准则 B2:规划实施过程与机制的关注与否
选择 B2-Ⅰ:是,实施机制追踪评估;选择 B2-Ⅱ:否</td></tr>
<tr><td rowspan="2">步骤 3</td><td>步骤 3-1:准则 C:参与主体
选择 C-Ⅰ:专家;选择 C-Ⅱ:公众;选择 C-Ⅲ:政府;……</td></tr>
<tr><td>步骤 3-2:准则 D:价值判断标准
选择 D-Ⅰ:生态;选择 D-Ⅱ:经济;选择 D-Ⅲ:社会;……</td></tr>
<tr><td colspan="2">步骤 4:准则 E:当前与未来发展新条件
选择 E-Ⅰ:立足当前发展条件;选择 E-Ⅱ:前瞻未来发展趋势</td></tr>
<tr><td colspan="2">步骤 5:根据对应的方法集得出相应的评估方法</td></tr>
</table>

以下做了两个归纳梳理的工作。其一,分析规划实施评估领域内典型的评估技术方法及其相对应的评估要素(表 5-7)。其二,枚举了所有可能的方法选择的路径,并将相应的评估技术方法依据评估要素归类,见表 5-8。

表 5-7 城市规划评估方法和关键要素的相关性分析表

评估方法	时间阶段			评估方法		评估价值判断			评估参与主体			评估对象					参照对象			理性基础	
	前	过程	后	定量	定性	经济	社会	环境	政府	开发商	公众	规划	实施项目	战略	其他	总效益	一致性	有效性	过程理性	实质理性	工具理性
CBA	√		√	√		√			√	√	√	√	√	√	√			√			√
FIA	√		√	√		√			√		√	√	√	√	√			√			√
CEA	√		√	√	√	√			√	√	√		√	√	√	√		√		√	√
GAM			√	√	√	√	√	√	√			√	√	√	√	√	√			√	√
MCE			√	√	√	√	√	√	√			√	√	√	√	√	√	√		√	√
PBSA	√	√	√	√	√	√	√	√	√			√	√	√		√	√		√	√	
EIA	√		√	√				√	√	√			√	√	√			√	√	√	√
SIA	√	√	√		√		√	√	√	√	√	√	√	√	√	√		√	√	√	√
DP	√	√	√	√	√	√	√	√	√	√	√	√	√	√	√	√		√	√	√	√
CIE	√	√	√	√	√	√	√	√	√	√	√	√	√	√	√	√		√	√	√	√
……①																					

资料来源：参考(周国艳，2012)修改整理。

表 5-8 规划实施评估方法选择表

类别	说明	方法集	规划实施评估方法
(A-Ⅰ)→(B1-Ⅰ-Ⅰ)→(B2-Ⅰ)	一致性、目标性	实证主义 B1	目标-结果比较
(A-Ⅰ)→(B1-Ⅰ-Ⅱ)→(B2-Ⅰ)	一致性、对策性	实证主义 B1	目标-结果比较、综合指标体系
(A-Ⅰ)→(B1-Ⅰ-Ⅰ)→(B2-Ⅱ)	一致性、目标性、机制性	实证主义 B1、实证主义 B2	目标-结果比较、案例质性研究
(A-Ⅰ)→(B1-Ⅰ-Ⅱ)→(B2-Ⅱ)	一致性、对策性、机制性	实证主义 B1、实证主义 B2	目标-结果比较、综合指标体系、案例质性研究
(A-Ⅰ)→(B1-Ⅱ)→(C-X)	有效性 CⅠ-专家政治； CⅡ-社会参与； CⅢ-政治主导	建构主义 C	综合指标体系、案例质性研究
(A-Ⅰ)→(B1-Ⅱ)→(D-X)	有效性 DⅠ-生态效益； DⅡ-经济效益 DⅢ-社会效益	建构主义 D	综合指标体系、成本-收益分析

① 表示其他评估技术方法。

续表 5-8

类别	说明	方法集	规划实施评估方法
(A-Ⅱ)→(C-X)	价值导向	建构主义 C	综合指标体系、案例质性研究
(A-Ⅱ)→(D-X)	价值导向	建构主义 D	综合指标体系、成本-收益分析
(A-Ⅱ)→(B1-Ⅰ-Ⅰ)→(B2-Ⅰ)	价值导向、一致性、目标性	实证主义 B1	综合指标体系、目标-结果比较
(A-Ⅱ)→(B1-Ⅰ-Ⅱ)→(B2-Ⅰ)	价值导向、有效性、对策性	实证主义 B1	综合指标体系
(A-Ⅱ)→(B1-Ⅰ-Ⅰ)→(B2-Ⅱ)	价值导向、一致性、目标性、机制性	实证主义 B1、实证主义 B2	综合指标体系、目标-结果比较、案例质性研究
(A-Ⅱ)→(B1-Ⅰ-Ⅱ)→(B2-Ⅱ)	价值导向、有效性、对策性、机制性	实证主义 B1、实证主义 B2	综合指标体系、案例质性研究
*-EⅡ(*代表之前的准则)	*前瞻性	建构主义 E	案例质性研究

5.4 本章小结

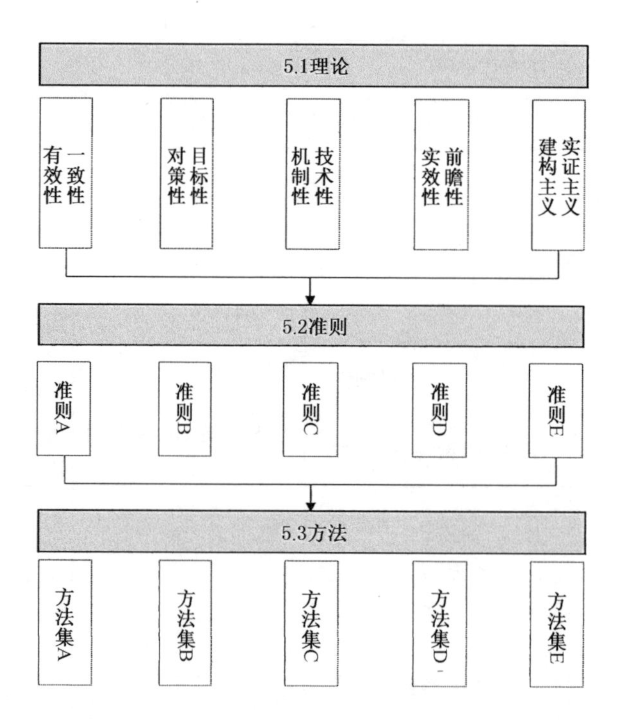

图 5-3 第 5 章的论述框架

研究问题中提出，Evaluation $= F(a, b, c, d, \cdots)$ 的评估方法模型的理论假设，即规划实施评估方法的选择是否和一些评估要素相关，这些评估要素又是如何影响或决定评估方法的？基于这一理论假设，本章主要基于扎根理论的研究方法，最终得出不同评估要素以不同的逻辑秩序影响方法的选择，ABCDE选择树模型见图5-2。首先，通过大量搜集评估报告、在各地开展访谈和在某几个城市集中参与评估实践等形式，搜集数据。其次对数据进行编码(Coding)处理，运用词频分析等方式，提取一些关键词语，并根据相似性归类，通过上述工作的层层推进，最终编码形成多组与评估方法相关的概念，根据概念之间的联系，分类形成评估目的、评估对象、评估判断标准、评估参照对象、评估参与者等多组评估要素，同时也形成多种评估方法集合。其次，深入对我国和英国的案例开展分析，建立不同评估方法和不同评估要素之间的关联。最终，通过理论提炼，最终形成因不同评估要素而决定的不同评估特性(一致性和有效性、目标性和对策性、技术性和机制性、前瞻性和实效性、实证主义、建构主义和现实主义等)。不同评估要素以不同的逻辑秩序影响方法的选择，通过理论研究提炼形成方法选择的逻辑链，反映基于五准则的规划实施评估方法ABCDE选择树模型(简称“方法选择树模型”)。

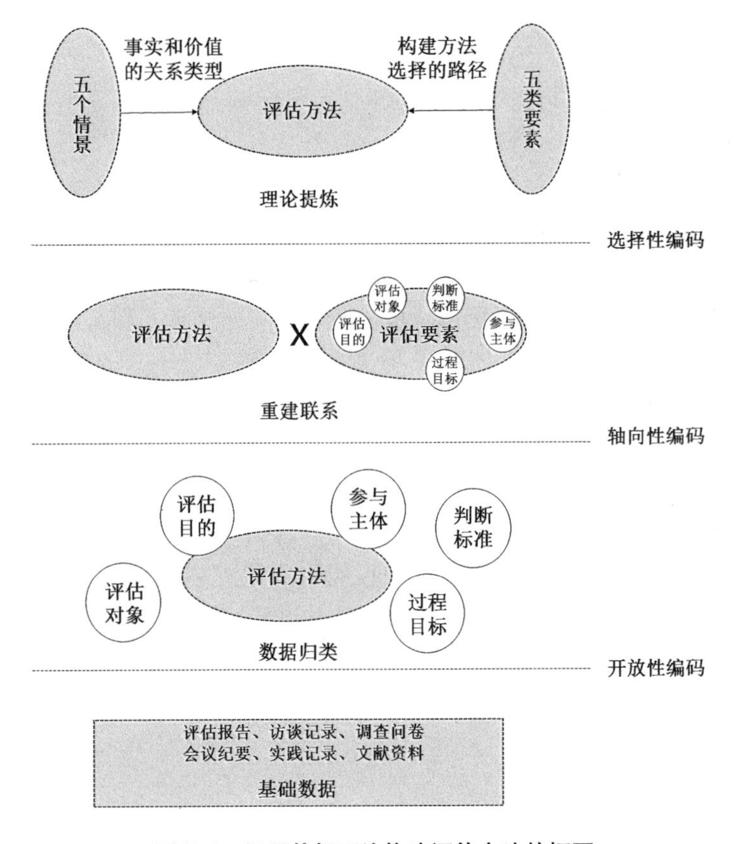

图5-4　运用扎根理论构建评估方法的框图

本章建构了规划实施评估方法选择的理论模型 Evaluation $= F(a, b, c, d, \cdots)$，分“理论—准则—方法”三个层面展开阐释，包含了理论层面的五组特性、方法选择树模型和系统分类的方法集，进而指导不同情景下评估方法的科学系统化选择。

第一，在理论层面上，根据评估要素的讨论，形成了五组评估的特性，分别是：

（1）现状年与规划目标比较的一致性评估和现状年与初始年比较的有效性评估。

（2）规划中明确的结果式表述的目标性评估（例如人口规模控制在某一数值左右等）和趋势愿景式表述的对策性评估（例如“逐步疏解旧城的部分职能”等）。

（3）针对实施结果的技术性评估和针对实施过程的机制性评估。

（4）考虑未来城市发展新条件和趋势的前瞻性评估和回顾过去规划引导下城市发展取得的成效的实效性评估

（5）主要以事实为依据的实证主义评估，由多方利益相关主体参与评估的价值判断的建构主义评估，和两者相综合的现实主义评估。

其次在开展实施评估时，通过不同先后次序的准则设计，梳理了不同评估要素的层级关系，根据评估要素就确定了评估的不同情景。由于每组特性对应的评估方法在不同评估情景下，解决不同层面的问题，因而根据评估的需要从每组特性的方法中做出选择。最终形成了“要素—情景—方法”的关联，构建形成基于五准则的规划实施评估方法ABCDE选择树模型，见图5-2。

这一种系统性的方法范式提供了一以贯之的稳定性的方法选择逻辑，在价值构架清晰、评估要素明确的前提下，可以为不同的评估情景明确地选择不同的经系统分类的评估方法集，减少因评估方法的选择失误产生的偏差。

本章认为，针对不同的评估目的、现有的数据基础和关键的价值判断标准，选择最适宜的评估方法，这一观点对理论和实践是有贡献的。

研究形成的方法范式认为，并不是折中、全面的评估方法是最合适的评估方法。在实践评估中，全面的评估往往对时间、人力、数据等资源的要求是较高的，以深圳、上海等城市为例，往往会占用半年到一年的时间，而事实上评估结论本身的时效性较强，如果在完成了一个全面评估后却发现规划效果滞后，那么开展评估的意义就受限了。因而本章提倡通过确定不同的评估要素后，形成不同的评估情景，根据方法选择树模型，对应不同的评估方法集。在评估的目的、价值判断等研究并表述清楚的基础上，再选用相应评估方法集中的方法，开展“有限评估”。

在开展有重点的评估时，评估者不能仅仅得出最终评估的结果，还需要把相关的评估标准、参考对象和模式等前提假设也做一个基础说明，从原则到证据再到结论，形成系统的评估成果。评估结论和评估方法，取决于架构、形成背景，以及支撑这个架构的主要价值取向。

6　规划实施评估方法推演:以公共空间为例

6.1　评估对象的基本研究和界定

基于以上理论研究成果,本书第6章以城市公共空间的规划实施评估为实证研究,依照"要素—情景—方法"的分析逻辑,推演形成评估方案,进而验证方法范式在实践中的优化作用。

6.1.1　城市公共空间的定义

城市公共空间长久以来在城市的发展演变、城市生活延续和历史文化传承等方面扮演了重要角色。在如今的全球化时代,公共空间的建设更是成为提升城市品质和形象以及增强城市竞争力和社会活力的重要途径(张庭伟,于洋,2010)。一方面随着当前我国城市发展进入新常态时期,城市建设逐步从原先过度依赖土地扩张的模式转向强调已建成区空间环境的精细化和品质化建设;另一方面随着政府公共职能的日益明确与强化,城市规划与建设的核心职能将收缩并聚焦于公共产品的有效和适宜供给(石楠,2015),这些都意味着公共空间的规划和建设,不仅是一项关乎公共福祉的民生事业,更是城市社会可持续发展的活力来源(徐瑾,刘佳燕,2015b)。因而选择公共空间为规划实施评估的对象。

从物质层面上说,公共空间是城市中建筑实体间可供公共使用的开放空间。公共空间作为城市的公有财产,平等地向所有市民开放,是供市民日常生活和社会交往的外部空间场所。它包括街道、广场、绿地、公园、商业街、居住区户外场地等(李德华,2001)。许松辉和周文(2007)认为那些因被大众使用和体验而具有公共属性的城市空间就是公共空间,也包括其中涉及空间和环境品质的对象。

不同的公共空间为不同类型的活动提供载体,按照不同的分类标准,公共空间具有不同的类型。其中,根据公共空间服务的范围大小,公共空间可以分为社区公园与城市公园;按照公共空间的活动与人群公共空间可分为人工型、自然型、线形(即穿过城市多个区域的复杂公园)与学校附属型;按照公共空间的功能公共空间可分为商业属性、健身属性、文化属性、政治属性等类型。

公共空间的定义,同济大学周进提出的概念具有较高的认同度,他认为城市公共空间是赋予公共价值的城市空间，主要指城市中人工的开放空间(杨晓春，司马晓，洪涛，2007；周进，黄建中，2003)。本书认为公共空间具有以下特点：城市中室外的、面向所有市民的、人工开发的、承载社会公共活动的场所。城市公共空间分为独立的公共空间和建设项目附属的公共空间两大类。独立的公共空间主要包括街道、绿地、广场和水体等，而建设项目附属公共空间主要包括居住区、商业区以及文化区等附属的公共空间。

6.1.2 城市公共空间建设中的困境

长期以来我国大部分的城市公共空间主要由政府投资和建设，但在快速城市化时期没有得到政府和规划管理部门的足够重视，暴露出建设规模不足、布局零散、品质低下等问题。尤其随着人们生活水平的提高和休闲时间的增加，社会大众对于公共活动和精神享受的需求也与日俱增，却与公共空间差强人意的供给现状形成了强烈的矛盾。

我国当前城市公共空间的建设主要存在两大困境："规模困境"和"剩余困境"。尽管在我国的城市规划编制中长期以来不乏对绿地、广场等公共空间的关注，也日益通过完善分级体系和规模指标等约束性指标加以规范和保障，但反映在实际建设、维护和管理中很多时候却与规划图纸的理想状态差之千里。

具体体现为：①公共空间供给总量不足的"规模困境"。目前在城市规划相关规范和标准中并没有专门关于"公共空间"的配置规范，公共空间散落于绿地、广场等用地类型之中，相关用地布局和专项规划之间由于条块分割的原因缺乏统筹协调。更突出的问题是，大部分的用地指标由防护绿地、交通性广场等支撑，而真正用于促进社会交往和生活体验的公共活动场所却因遭到高度挤压而严重不足。②公共空间布局和建设品质不足的"剩余困境"。在布局方面，区位好的地段优先用于商业和住宅开发，广场、公园成为填充剩余空间的边角用地；在建设品质上，政府和开发商缺乏投入动力，导致公共空间的建设和维护常常遭到冷遇，空间环境质量不佳，甚至演变为城市负空间(徐瑾，刘佳燕，2015b)。

反思以上困境的形成，这已经不是简单的规划编制和指标配置的问题，其根本是缺乏对公共空间建设背后动力机制的思考，这也是长期以来我国城市公共空间规划研究中"重规划编制轻实施管理"以及"重规范约束轻机制分析"所暴露出的不足。本书从公共经济学和制度经济学的视角出发，剖析当前城市公共空间供需矛盾的内在原因，深入思考公共空间规划建设中的责权机制和利益分配制度。

在公共经济学中，公共空间被看作是一种公共物品，具有非排他性和非竞争性的特性。正是这两个特性，使得公共空间的供需关系与一般交易物品不同，常常陷入供不应求的窘境，从需求和供给的角度分别体现为以下两个问题。

(1) 需求竞争带来"公地悲剧"

人们对公园、广场等公共空间的使用需求，从早期的满足欣赏和社会宣传逐步转向社会交往，随着大规模人口向城市的快速集聚和人们生活水平的提高，社会大众对公共空间需求的与日剧增并进一步衍生出健康、休闲、消费等多样化需求(刘佳燕,2010),使得公共空间供给长期处于一种紧缺状态。

与此同时,面对公共空间这一公共消费品,公众在无需投入或投入远小于收益的条件下,从私利的角度出发都希望尽早尽多地使用公共资源,例如在节假日,市民会尽早占用广场上座椅、凉亭等公共设施。因人们普遍的"搭便车"(Free Rider)心态,他们的需求通常是无止境的,但公共空间资源的容量是有限的,随着使用人群的扩大,人均享用资源的收益会被损耗,从而导致 Hardin(1998)所说的"公地悲剧"(Tragedy of the Commons)。当消费个体(使用空间资源的人)的数量达到并超过临界的拥挤值时,公共空间就会因消费者无序竞争而被过度使用,人均收益低于消费个体的底线偏好,"悲剧"由此发生。这种情况常常发生在高密度人口的城市,公共空间的过度使用可能产生资源过度消费、环境污染、景观破坏、过度拥挤,甚至社会安全受到威胁(例如上海外滩踩踏事件)等负面问题。因而,一个公共空间的竞争程度,与空间资源容量、消费人群数量和消费个体偏好相关(见图 6-1)。

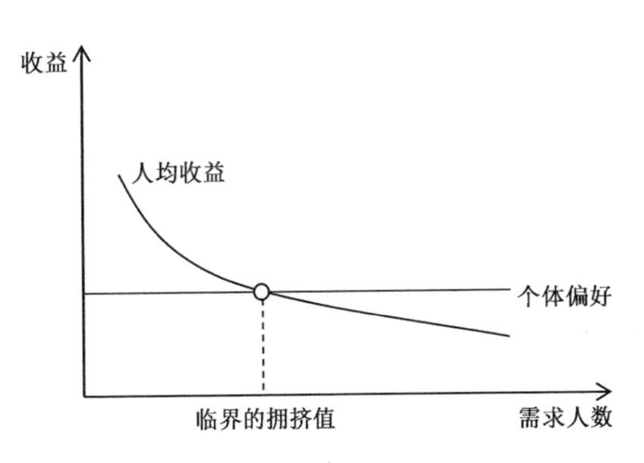

图 6-1 公共空间的竞争程度分析

资料来源:参考(Hardin,1998)

那么公共空间的"公地悲剧"又是如何发生的呢?一个原因来自于长久以来对公共空间简单划定的"公共性"权属。通常情况下,城市公共空间被默认为是政府投入建设的公共用地,使用者可以无门槛使用。一方面,当个体使用者所付出的成本远低于收益时,个体受私利驱使都想搭公共空间的"便车"从而造成竞争并降低了公共空间的品质;另一方面,由于公共空间使用群体的开放性,使用群体对空间没有直接的责权关系,人们滥用公共资源也很难被追究责任,给维护和监管带来了挑战。

(2) 效益局限导致建设动力不足

公共空间作为一项公共物品,通常被认为理所当然由政府全权提供,然而政府供给存在效率较低、投资渠道有限、纳税人(成本提供者)和使用者(收益享有者)群体不匹配等问题(韦伯斯特等, 2008)。在公共资金不足和市场逐利的现实环境中,公共空间的供给常常陷入政府无力建设、私人开发商不愿投资的困境。

导致公共空间建设动力不足的原因主要来自两个方面。第一,效益转化途径有限,成本收益率低下。大部分地方政府对公共空间带来的社会、经济等多方面的正外部效益认识不足，更缺乏对其外部性效益转化途径的开拓与挖掘。现状纯投入模式自然难以为继，且局限了地方政府投入建设的积极性。第二，过度依赖公共投入，规模有限且不可持续。目前城市公共空间的建设资金主要来自地方政府的公共财政投入，而缺少有吸引力的激励机制吸纳社会资本的参与，导致投入规模很大程度上受限于地方政府的财力物力，并且常常出现有心规划、无力建设，或是因资金断流留下“半拉子”工程的局面。

(3) 产权制度是公共空间供不应求的矛盾根源

从制度经济学和公共经济学的视角分析，以上公共空间的供需矛盾都指向一个核心问题——产权制度的不完善，见图 6-2。

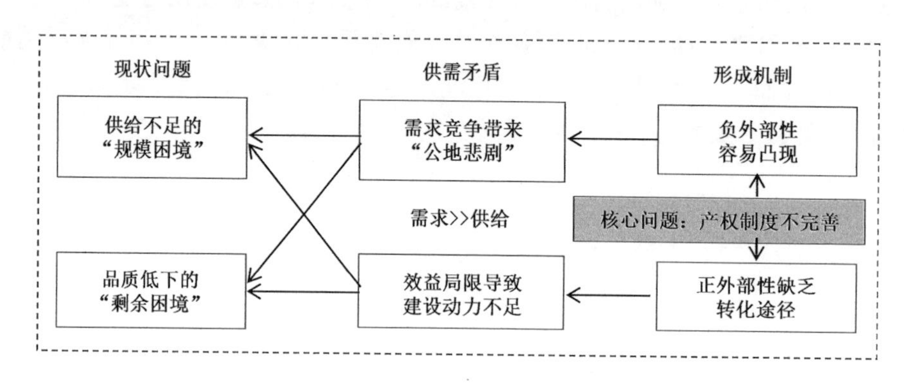

图 6-2 公共空间供需矛盾的机制分析

公共空间单一的公共产权、使用者无限制地“搭便车”，常常带来无序竞争和拥挤、污染等负外部性的凸现；同时，因缺乏明确的产权制度规定收益分配机制，公共空间的正外部效益往往难以有效转化为直接的效益回报，导致私人投资的参与度较低，公共投资回报率低下，最后公共空间沦落为由政府被动消极供给。

6.1.3 规划编制中对公共空间的要求

目前，我国城市规划体系中并没有专门规定公共空间专项规划的编制要求，也没有对公共空间专项规划的内容提供任何规范性参考。尽管北京、深圳等城市近年来开始重视公共空间专项的规划和实施，但一大部分城市是通过《绿地系统规划》(见图 6-3)和城市设计来间接地实现对公共空间的规划引导。从图 6-3 中可以看出，关键性的《城市绿化管理条例》《城市绿化建设指标》《城市绿线管理办法》等文件中指出绿地分为公园绿地、生产绿地、防护绿地、附属绿地等，其中根据 6.1.1 节对公共空间的定义，公园绿地属于公共空间的一部分。上述文件也为绿地系统规划提供了基本的要求，包括《公园设计规范》等相关设计规范，以对数量、指标和空间边界的控制为主，并没有对品质等做出更高更具体的要求。然而基于 6.1.2 节对公共空间建设中困境的剖析，目前恰恰亟须改变的是，从现状仅仅满足“有没有”的低标准状态，走向“够不够”和“好不好”的更高要求，以实现从规模到品质的全面提升。

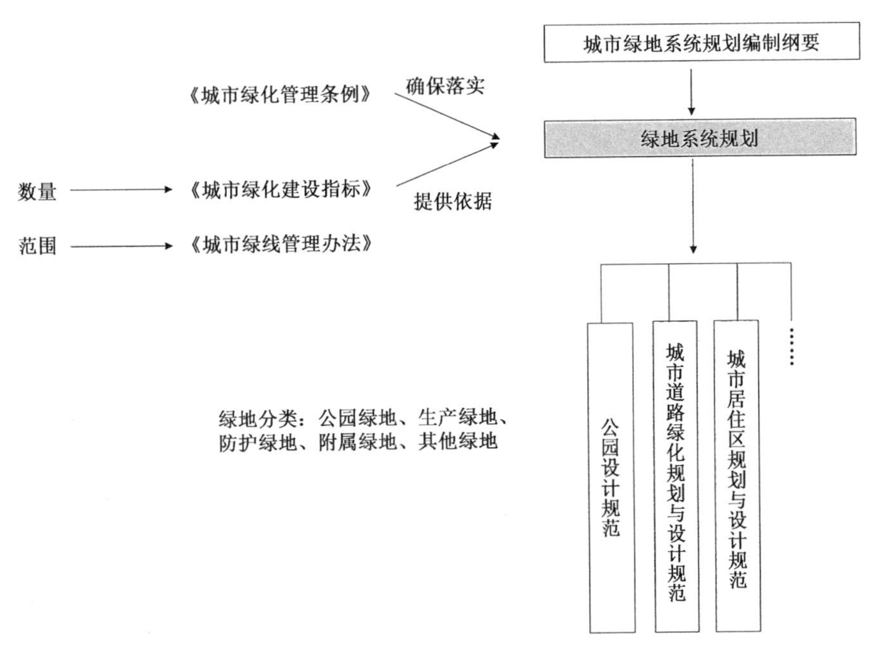

图 6-3　我国绿地系统规划与公共空间的关系

不仅如此，土地利用类型根据功能逻辑分类，因而用地类型中也没有特别规定公共空间这一更偏向于产权属性的类型。图 6-4 中将绿地这一用地类型细分，并通过与 1993 年的绿地分类标准的比对，进一步明确各类细分绿地的定义，但依然无法非常清晰地将其中哪几类列为公共空间的从属范围。因而现有的城市总体规划、绿地系统规划仅仅能间接地影响公共空间的规划和建设。另外，现有的规划或标准中常常只是对面积做出了规定，因而也只能间接影响一部分公园绿地等公共空间的占地面积和人均标准。一方面没有明确的分类标准意味着没有相对应的、明确的管理和负责部门；另一方面除了面积以外没有更多的控制指标，从而造成了规划、建设和管理的困难。

现有的公共空间专项规划的编制中（以深圳市为例），对城市公共空间的控制要素主要有以下三个方面的指标：人均面积指标、可达性和公共空间的活力（杨晓春，司马晓，洪涛，2007；周进，黄建中，2003）。其中，人均面积指标反映了空间拥挤度；可达性需要考虑两个方面：一是两点间直线距离远近，二是步行可达范围覆盖率，即可达性；公共空间活力是指公共活动是否方便开展、市民参与程度的高低，这一目标主要针对公共空间与周边用地的功能匹配性不足、使用群体的需求未被重视等造成公共空间的品质、使用程度和活力等方面的问题。此外，还包括功能、生态、景观、视觉和文化等要素的控制。

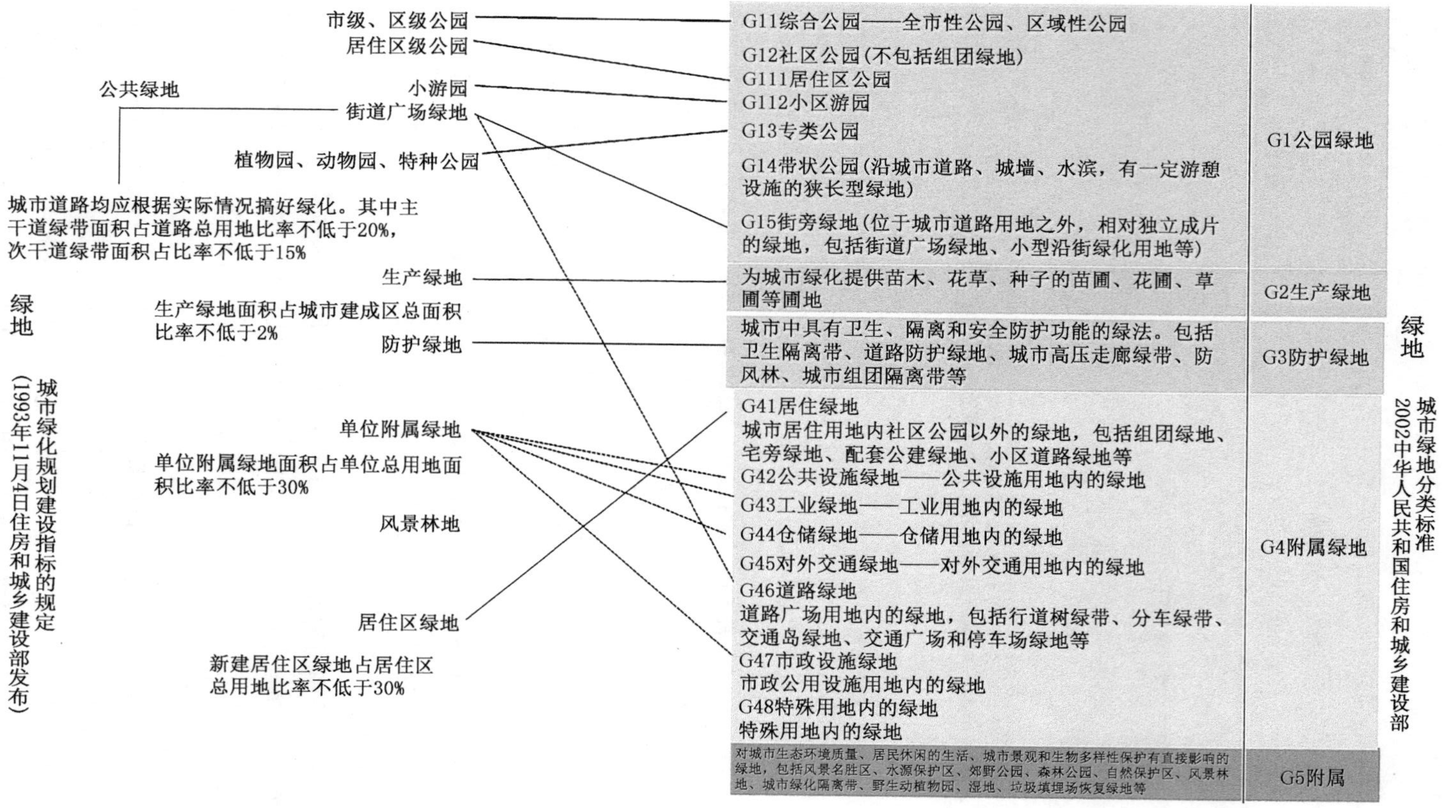

绿地

城市绿化规划建设指标的规定（1993年11月4日住房和城乡建设部发布）

公共绿地

市级、区级公园

居住区级公园

小游园

街道广场绿地

植物园、动物园、特种公园

城市道路均应根据实际情况搞好绿化。其中主干道绿带面积占道路总用地比率不低于20%，次干道绿带面积占比率不低于15%

生产绿地

生产绿地面积占城市建成区总面积比率不低于2%

防护绿地

单位附属绿地

单位附属绿地面积占单位总用地面积比率不低于30%

风景林地

居住区绿地

新建居住区绿地占居住区总用地比率不低于30%

绿地

城市绿地分类标准 2002中华人民共和国住房和城乡建设部

G1公园绿地	G11综合公园——全市性公园、区域性公园 G12社区公园（不包括组团绿地） G111居住区公园 G112小区游园 G13专类公园 G14带状公园（沿城市道路、城墙、水滨，有一定游憩设施的狭长型绿地） G15街旁绿地（位于城市道路用地之外，相对独立成片的绿地，包括街道广场绿地、小型沿街绿化用地等）
G2生产绿地	为城市绿化提供苗木、花草、种子的苗圃、花圃、草圃等圃地
G3防护绿地	城市中具有卫生、隔离和安全防护功能的绿法。包括卫生隔离带、道路防护绿地、城市高压走廊绿带、防风林、城市组团隔离带等
G4附属绿地	G41居住绿地 城市居住用地内社区公园以外的绿地，包括组团绿地、宅旁绿地、配套公建绿地、小区道路绿地等 G42公共设施绿地——公共设施用地内的绿地 G43工业绿地——工业用地内的绿地 G44仓储绿地——仓储用地内的绿地 G45对外交通绿地——对外交通用地内的绿地 G46道路绿地 道路广场用地内的绿地，包括行道树绿带、分车绿带、交通岛绿地、交通广场和停车场绿地等 G47市政设施绿地 市政公用设施用地内的绿地 G48特殊用地内的绿地 特殊用地内的绿地
G5附属	对城市生态环境质量、居民休闲的生活、城市景观和生物多样性保护有直接影响的绿地，包括风景名胜区、水源保护区、郊野公园、森林公园、自然保护区、风景林地、城市绿化隔离带、野生动植物园、湿地、垃圾填埋场恢复绿地等

图 6-4　公共空间与总体规划中土地利用类型的对应关系

6.2 规划实施评估中的价值博弈

6.2.1 评估价值判断标准的确定

根据前5章的理论研究成果，在对城市公共空间规划实施评估的实证检验中，将摒弃大而全的评估，基于对公共空间在实际规划和建设中困境的分析，明确评估的核心是解决哪个层面上的问题。在新颁布的《国土空间规划城市体检评估规程》中，同样指出坚持"以人民为中心"作为体检评估工作的首要原则，从人们日常的需求出发，围绕"宜业宜居宜乐宜游"等方面开展评估，落实人们身边的问题。那么，城市公共空间规划实施评估的目的、判断标准、参照对象、参与主体等因此可以得到明确，应当始终以城市人民，尤其是公共空间的切实使用者为价值主体。在这些评估要素的限定下，以评估方法选择范式为导向，该如何选择评估方法？

首先，公共空间规划的实施评估，其目的在于发展监测和决策研究。因而评估一方面是基于事实的监测和描述为基础的实证主义评估，另一方面是带有价值判断的有效性和前瞻性评估。但由于规划的不系统性和分散性，可供比较的规划目标较少，因而需要加入同类城市的比较、公共空间的初始状态等标准作为评估的参照对象。讨论了以上各评估要素，可以得出在此次评估中，最关键也是对评估方法选择影响最大的评估要素是评估的价值判断标准。在评估判断标准与评估对象的特点、评估目标以及评估参与主体等因素共同影响下，可根据规划实施评估方法选择树模型，推演选择适宜的评估方法。

在经济学视角下，城市公共空间作为公共物品的一类，其规划和建设最大的意义在于其为城市提供正外部效益。效益(benefit)一词的来源拉丁语"benefactum"词根，来自拉丁词根"bene"，即"well"(有益的)，以及拉丁词根"fac"，即"to do"(去做)，意为有益的行为。因而本书所评估的效益即规划实施带给其他事物的有价值的贡献。公共经济学理论将外部性/外部效益定义为：一个人的行动所引起的成本或收益不完全由他自己承担，个人成本和社会成本、个人收益和社会收益的差异就形成了外部效益(程宝书，2002)。由于公共空间的投资建设常常由政府独立承担，因而对政府而言，获得的收益通常小于社会或他人收益，而公众并不需要投入成本，就从中收获了公共空间建设带来的外溢到城市的收益，这便是正外部效益。

公共空间的外部效益广泛体现在以下方面(见图6-5)：①经济效益。公共空间建设有助于改善环境，优化社区品质，吸引更多人生活或工作在周边，由此带来周围土地和房产价值的提升、社会消费需求的提升，以及吸引投资和促进旅游业、服务业等更多产业的发展等。②社会效益。公共空间提供人们交往活动的物质载体，促进公众身心健康，带来活力、舒适感、安全感、归属感、社会凝聚力、生活品质等方面的提升，最终改善社会的运行品质和整体满意度。③环境效益。公共空间的品质提升有利于周边环境的优化，提高绿化覆盖率，美化城市，提升城市形象。④文化效益。公共空间作为城市最重要的人文基础设施，为多样化的人群提供文化交流的场所，提升城市的文化包容性；同时，公共空间的营造也有助于历史文化遗产的保护、传承和积淀。

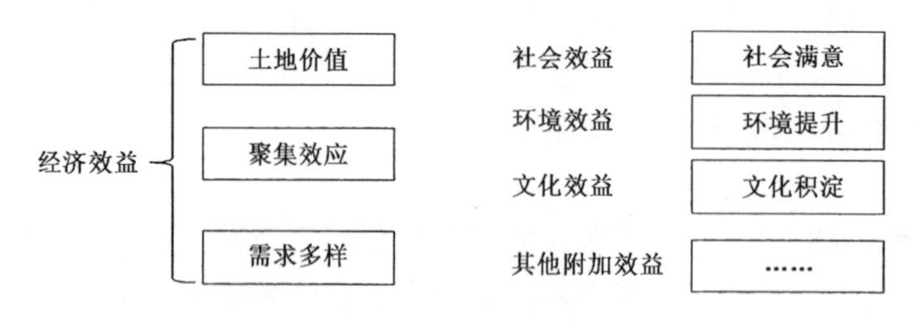

图 6-5　公共空间的外部效益分析

依据对城市公共空间规划建设中的两大困境（“规模困境”和“剩余困境”）的分析，本书认为困境主要由需求和供给两方面的原因造成。一是公众的使用需求的竞争带来的“公地悲剧”，使得公共空间在促进社会交往、提升社会整体满意度等方面的作用受限；二是公共空间所产生的外部效益，尤其是经济效益没有得到城市政府和开发商的足够认识，从而导致建设动力不足，供给量不足。因而，为了改善公共空间的建设现状，为未来公共空间品质的提升、规划方案和实施机制的调整提供支撑，以下的评估研究中分别将社会效益和经济效益确定为评估的重要价值判断标准。

6.2.2　公共空间所产生的社会效益

那么，究竟什么是社会效益呢？从管理学、经济学、政治学等视角下都有对其作出解释。这里通过解释与社会效益相对的概念，作为比较，进而阐明社会效益本身的含义。一方面，社会效益是为了与经济效益相对（Brown，Schebella and Weber，2014），经济效益直观可测也往往能较快地见成效，而社会效益则显得较为模糊和隐形，常常需要通过较长时间的间接影响来体现。另一方面，社会效益是相对于个人效益而言的，涉及的受益方包括整体的城市居民，以保障社会的整体公平（Moretto，2015）

城市规划作为一项公共政策，希望通过对空间资源的合理分配，来保障整体社会利益的平衡。然而，在城市发展前期往往过多关注经济和产业发展，而忽视了规划产生的社会效益。在我国城市转型、规划变革的背景下，很多大城市从快速增长期转向城市质量提升的发展阶段，更关注公众的诉求和提升城市品质，回归以人为本。而且城市规划作为一项公共政策，最应当优先实现民主化，也最有可能摆脱传统束缚而真正关注民生（尹稚，2010）。城市政府通过城市规划体系下一系列规划的编制和实施，管理城市住房、交通、公共服务、绿地等一系列要素，形成了如图 6-6 所示的横纵交错的网络，而每一个节点是联结接受城市服务和使用城市设施的“人”与“政府”的“关节”，是政府作为公共服务的机构通过规划引导和城市管理为城市带来社会效益的输出节点。因而将社会效益作为评估规划实施的主导价值标准是符合城市发展和转型需求的。

城市公共空间作为评估的对象，因其与市民使用和社会生活息息相关的，且从中体现城市整体品质以及城镇化质量，因而将社会效益作为评估公共空间实施成效的价值判

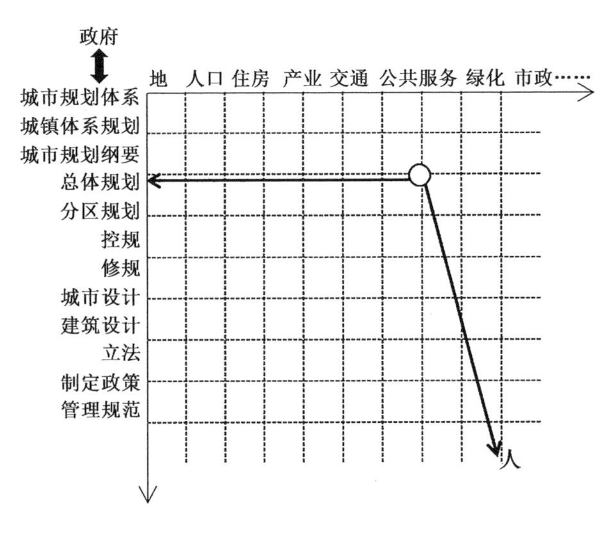

图 6-6 规划实施的社会效益评估的分析图

断，是合理且必要的。关于社会效益的具体内涵，Bentham(1789)最早将社会效益视角下的有效性定义为最多数人的认可，认可度越高即越有效。后来学者在此基础上，逐渐延伸出社会效益是对社会需求的满足程度的含义，包括公众满意度、社区品质及个人的提升等(王静，郝晋珉，段瑞娟，2005)。

社会效益的内涵是多方面的，然而，由于社会效益本身带有主观特性，并且社会效益本身的改变受规划实施以外很多因素的影响，例如公园对居民健康的影响，不仅与绿地有关，研究对象的性别、年龄等都会干扰对公园带来健康的社会效益的判断，因而给社会效益的测度或描述都带来难度。同时，也正是由于社会效益的难测量，以及隐形和长期缓慢改变的特征，过去在追求快速发展的视角下被忽视。

下面需要进一步进行讨论，城市公共空间在社会效益方面的评估指标和方法。公共空间是城市为公众提供的一种公共物品，同时也建构了一个提供更多服务的载体，即城市公共空间所产生的社会效益可以分为狭义的供给公共物品和广义的提供公共服务两个层面。Heffernan 等(2014)基于文献综述和问卷统计提出公共空间中能够有效提升安全性、舒适性、社会性和活力度等方面，将公众参与度作为社会效益的体现。Brown(2012)通过使用公众参与地理信息系统(Public Participation GIS, PPGIS)方法来研究城市公园中潜在提供的身心健康方面的效益，将人们在公园中所进行的各种体育活动作为研究的对象，由此得出公园为身心健康所提供的社会效益。

综上，本书公共空间规划建设所带来的社会效益分为三类:心理促进效益、身体健康效益与社群交往效益。心理促进效益指公共空间所提供的环境带给人直观的心理调节作用;身体健康效益方面指公共空间因提供活动的载体，带给公众身体方面的增益。社群交往效益是指公共空间带来的公众参与度、社区品质和活力等方面的增益。

为了进一步明确公共空间社会效益的评估指标，这里选取了纽约公共空间作为案例，以文献为基础研究其带给城市的社会效益，并根据上述的三类社会效益进一步细化，详见表 6-1。其中，心理促进效益分为愉悦度、心理舒适度、注意力集中度和认知提升度等，身体健康效益分为身体锻炼率、生病率和身体机能提升度，社群交往效益分为安全感、包容度、社交性。这些指标可以被进一步细化为二级指标。这些相关指标的对应数据有的是根据统计数据获得，有的是通过社会调查搜集反馈意见。

为了将社会效益与公共空间的位置属性、评估参与主体的位置属性等相结合，基于GIS技术将物质空间的数据信息GIS和社会效益的反馈信息相结合，形成SoftGIS的空间分析方法(Rantanen and Kahila, 2009), SoftGIS也被称为“Bottom-up GIS”(Talen, 2000)。该方法的核心是绘制形成一张社会地图，即将公众的反馈或其他指标对应的数据抽象成色块或点，通过二维图示的方式呈现在地图上。这一方法将社会效益和城市规划的空间特性相结合，能体现不同分布的人群基于区位的体验感受和行为模式，反映人们在不同空间时的直观性或经验性评估反馈。社会地图将社会信息与空间位置相结合，呈现不同区域的结构性优势和弱点，为未来更细化的本地化的规划调整提供建议，其次可视化的地图表达为更广泛的公众参与和搜集社会反馈提供了有效的平台，因而是适合规划实施的社会效益评估的技术方法。

表6-1 纽约公共空间社会效益关注指标

<table>
<tr><th colspan="3">社会效益的类别</th><th>提升效益举措</th></tr>
<tr><td rowspan="10">个人心理促进效益</td><td rowspan="2">愉悦度</td><td>减少抑郁度</td><td rowspan="10">植物数量和种类(园艺疗法)
自然亲和力(水、动物、植物、石)
方便
熟悉</td></tr>
<tr><td>减少压力和焦虑度</td></tr>
<tr><td rowspan="6">心理舒适度</td><td>平静放松度</td></tr>
<tr><td>熟悉度</td></tr>
<tr><td>方便程度</td></tr>
<tr><td>审美</td></tr>
<tr><td>归属感</td></tr>
<tr><td>尊重感</td></tr>
<tr><td>注意力集中度</td><td></td></tr>
<tr><td>认知提升度</td><td></td></tr>
<tr><td rowspan="7">个人身体健康效益</td><td rowspan="2">身体锻炼率</td><td>活动范围</td><td>公共空间面积更大</td></tr>
<tr><td>锻炼频率</td><td>距离开放空间更近
增加运动设施</td></tr>
<tr><td rowspan="2">生病率</td><td>发病率</td><td rowspan="2">增加绿化率
污染治理和缓解
自然亲和力(水、动物、植物、石)</td></tr>
<tr><td>死亡率</td></tr>
<tr><td rowspan="3">身体机能提升度</td><td>减肥程度</td><td></td></tr>
<tr><td>治愈速度</td><td></td></tr>
<tr><td>心脑、呼吸、神经系统指标</td><td></td></tr>
</table>

续表 6-1

社会效益的类别			提升效益举措
社群交往效益	安全感	犯罪率	增加透明度 增加监督者 提高娱乐设施数量 提供夜间活动场所和设施 增加 24 h 商店 增加社区集体效能
		交通事故率	物理标识 交通量
	包容度	支持的活动种类范围	提供活动场所 增加娱乐设施 增加质量
		参与人或行为的种类范围	增加可达性 增加可用度 支持更多活动和行为
	社交性	邻里联系程度 邻里协作程度	绿化 增加居民社区所有权、管理意识 培育社区精英 增加使用频率创造熟悉度和场所依赖性

资料来源：参考(Gies，2006；White，Alcock and Wheeler，et al.，2013)等相关文献整理

6.2.3 公共空间所产生的经济效益

在公共空间的规划实施中，由于投入公共空间建设而回收成本的途径较少，长期的“赔本买卖”导致在过去忽视公共职能、重视经济收益的城市政府缺乏公共空间建设的动力。尽管公共空间的建设是政府公共职能中的一部分，但长期的负收益必然增加实际建设的难度，或是降低建设的投入和建设开发的质量。这也揭示了为什么在美国大多数城市都出现了由私人开发管理的公共空间(Privately-owned Public Space)的原因。这类公共空间的开发权、所有权是私有的，而使用权是公共的，一方面私人开发商通过向公众开放一定空间吸引人气并获得一定的规划政策的倾斜(例如容积率的提升)；另一方面政府也减轻了独立开发建设的资金压力。

以公共经济学为理论基础，表 6-2 和图 6-7 分析了如果能将公共空间的外部性收益部分转化，将能有效提高净收益值并扩大受益面。

表 6-2 外部性内部化的成本-收益分析

	成本	收益	净收益	最优受益面
原状态	C(公共投入)	B1	B1－C	Q1
外部性内在化	C(公共/私人投入)	B2	B1＋ΔB－C	Q2(受益人群扩大)

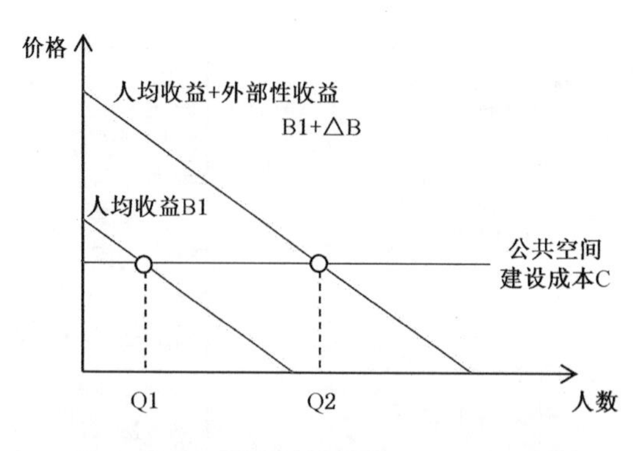

图 6-7 外部性内部化的成本-收益分析

因而，寻求公共空间正外部效益的转化途径，是突破"规模困境"和"剩余困境"，激发政府和市场主动性的关键所在。而对公共空间的规划实施而言，在经济效益的视角下评估实施成本和效益的关系，有助于更好地协调投入和产出的关系，确保公共空间规划能被有效地实施。因而以经济效益为主导价值判断，评估公共空间的规划实施成效，其实是对实施过程中利益关系的评估，其目的是为了探索和创新多元化的实施机制，推进公共空间的建设和品质提升。

根据国内外公共空间规划实施和管理运营的案例①，归纳了四种公共空间产生经济效益的模式，分别是直接收益模式、商业回报模式、增值经营模式和政策激励模式（徐瑾，刘佳燕，2015b），见图 6-8。

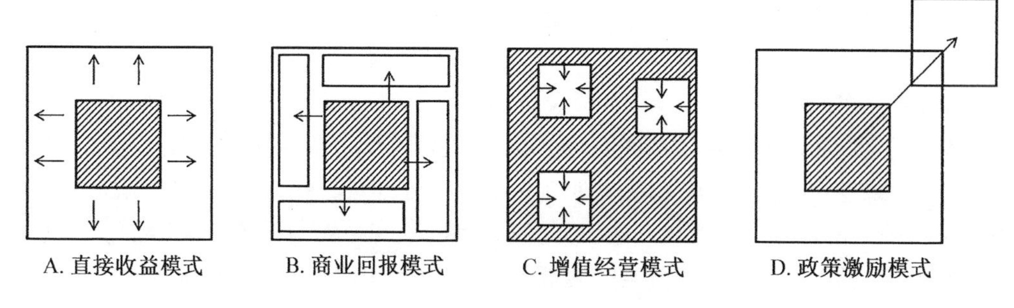

图 6-8 公共空间开发运营模式

注：其中阴影部分表示公共空间，外框表示开发建设的用地范围

第一，直接收益模式是通过公共空间的建设，提升周边环境品质，优化周围土地价值，因地价提升带来可内部化的收益模式。第二，商业回报模式是指公共空间的营造产生了人群聚集效应带来的外部性，从而提升周边商业、服务业的经营回报。第三，增值经营模式是指为避免资源被无限度利用而损耗，在公共空间内部进行产权细分，增加部分

① 主要借鉴了美国芝加哥千禧公园、英国泰晤士广场、深圳华侨城、英国卡迪夫市政厅前广场、美国布雷恩特公园等案例，具体参见：徐瑾，刘佳燕. 城市公共空间建设困境和破局之策研究——基于产权制度的视角[C]//2015 中国城市规划年会论文集. 贵阳，2015：892-905.

经营类收费项目形成持续的资金回报，如增加商业附属设施获得收益、开发旅游项目局部收取门票或服务费、定期出租场地等。第四，政策激励模式是指通过规划编制或政策制定为公共空间开发建设方提供一定的优惠条件，从其他地块或本地块开发中获得一定的优惠，从而获得经济收益。

6.3 基于选择树的评估方法推演

6.3.1 社会效益

以第 5 章的理论—准则—方法的规划实施评估方法范式为基础，依据方法选择树模型(图 5-2 和表 5-6)，以下推演(图 6-9)形成以社会效益为价值标准的公共空间规划实施评估方法。

步骤 0：研究评估对象，确定评估目的、对象等关键性评估要素。

本章 6.1 和 6.2 节已开展了对公共空间、评估目的等关键性评估要素的研究，奠定了良好的基础。评估目的有两方面：一方面监测公共空间的实施情况，掌握目前城市公共空间的现状条件；另一方面提供未来公共空间规划和实施上的决策建议。评估判断标准以社会效益为主导价值。评估的参照对象主要为其他相关规划和城市设计规定中的目标等。评估参与者包括城市政府、规划专家、公众其他利益相关者，其中承接社会效益的主要对象即公众为评估主体。

步骤 1：准则 A—事实导向，还是价值导向

从准则 A 开始，以价值为导向，因而选择准则树的右路。

步骤 2：准则 B1—与原始终状态比较是否有效，还是与规划目标比较是否一致

评估的目的之一需要监测现状公共空间实施的情况，因而比较现状实施结果和规划目标的差异。

实证主义方法集 B1：目标-结果比较的评估方法(参见表 5-8)。将现状土地利用图比对规划参考年土地利用图，比较一致性，对不同区域的一致、不一致做出区分。与此同时，根据规划中的要求指标，例如人均面积、可达性、覆盖率等测算，同时标明不同区域的一致或不一致性。

步骤 3：准则 C—参与主体；准则 D—价值判断标准

确定社会公众为评估主体，并且以公共空间的社会效益为主导价值判断标准。

建构主义方法集 C 和方法集 D：运用指标体系的方法集(参见表 5-8)，通过对社会效益的研究形成评估社会效益的指标体系(包括心理促进效益、身体健康效益与社群交往效益)，运用问卷调查等方法搜集数据，并结合地理信息系统，将社会反馈意见和空间位置信息结合，形成相应的信息库(SoftGIS)，最终通过绘制社会地图直观表达不同空间所对应的社会效益，为公众参与提供更开放的平台。同时，开展多方座谈会等定性的案例

研究方法(参见表5-8),评估出指标体系之外的对公共空间的具体意见。

步骤4:准则E—当前与未来发展新条件

由于开展评估需要实现决策研究的目的,因而开展前瞻性评估。

建构主义方法集E:运用案例质性研究的方法集(参见表5-8),在总体规划修改完成、城市管理指导意见颁布①等新背景下,给未来城市公共空间提出了哪些新要求,各方利益群体对未来城市公共空间有什么期待等。此外,为与同类型全球城市的公共空间规模和品质达到相似水平,以例如纽约、伦敦等城市的公共空间建设为未来前瞻目标,比较评估二者的差距和未来发展建设的重点突破方向。

步骤5:根据对应的方法集得出相应的评估方法。

此外,数据方面需要现状土地利用图、规划起始年土地利用图、规划目标年土地利用图,精确到街道的人口数据等作为实证方法集B1的数据支撑,需要搜集公众对公共空间,为建构主义方法集C和构建主义方法集D提供社会反馈信息。

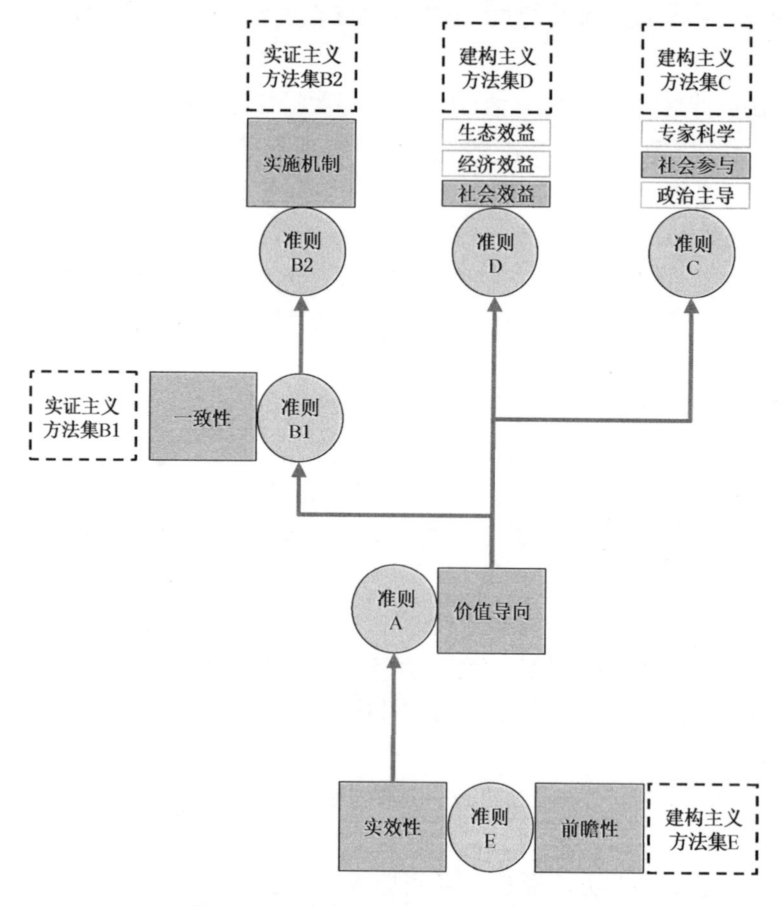

图6-9 社会效益-评估方法的选择路径

① 2016年6月,北京市委第十一届十次全会审议通过了《中共北京市委北京市人民政府关于全面深化改革提升城市规划建设管理水平的意见》,对城市品质、城市形象、公共空间等提出了新的规划建设要求。

6.3.2 经济效益

相类似地，依据五准则的评估方法选择树，以下推演形成以经济效益为价值标准的公共空间规划实施评估方法(图 6-10)，基本推演逻辑同 6.3.1，此处不再赘述。

步骤 0：研究评估对象，确定评估目的、对象等关键性评估要素。

以经济效益为主导价值判断，评估公共空间的规划实施成效，其实是对实施过程中利益关系的评估，其目的是为了探索和创新多元化的实施机制，推进公共空间的建设和品质提升。评估参与者包括城市政府、规划专家、公众其他利益相关者，政府或者说公共空间的投资建设方为评估主体。

步骤 1：准则 A—事实导向，还是价值导向

从准则 A 开始，以价值为导向，因而选择准则树的右路。

因不涉及准则 B 的评判而省略步骤 2。

步骤 3：准则 C—参与主体；准则 D—价值判断标准

以经济效益为主导价值判断标准，以政府或者说公共空间的投资建设方为评估主体。

建构主义方法集 C 和方法集 D：成本-收益比较方法(参见表 5-8)。首先明确成本和

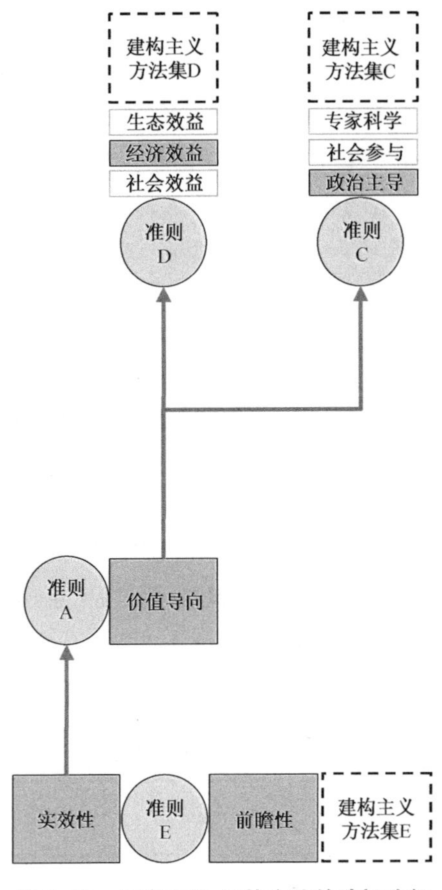

图 6-10　经济效益-评估方法的选择路径

收益的分项表的各项明细；其次确定空间统计单元（行政管理单元）；第三，搜集数据；第四，附加外部收益，并开展计算。

步骤 4：准则 E—是否开展前瞻性评估。

建构主义方法集 E：在总体规划修改完成、城市管理指导意见颁布等新背景下，给未来城市公共空间提出了哪些新要求。通过案例质性研究的方法集，比较参考成熟发展阶段的城市公共空间产生经济效益的模式。

步骤 5：根据对应的方法集得出相应的评估方法。

6.4 选择树推演方法与原评估方法的比较

本章公共空间规划实施评估方法的推演，是基于第 5 章形成的方法范式和准则树模型（图 5-2）。第 1 章在研究问题中提出，Evaluation $= F(a, b, c, d, \cdots)$ 的评估方法模型的理论假设，即规划实施评估方法的选择是否和一些评估要素相关，这些评估要素又是如何影响或决定评估方法的？基于这一理论假设，本书主要基于扎根理论的研究方法，最终得出不同评估要素以不同的逻辑秩序影响方法的选择，基于五准则的规划实施评估方法 ABCDE 选择树模型见 5.2 节。由此，本章首先基于对评估目的、对象、判断标准、参照对象和参与主体的清晰阐释和定位，共同构成评估方法的架构基础，然后通过方法选择树模型的逻辑引导，层递向上得出对应的一个或多个可供选择的方法集，最终运用方法集中的评估方法。具体来说，首先在 6.1 节中梳理了评估对象公共空间的普遍性与特殊性特征，以及规划中提出的要求；其次在 6.2 节中讨论了评估的价值判断标准、评估目的和参与主体等问题。最终 6.3 节依照选择树推演形成评估方法。

相比原方法，这一方法范式有哪些重要的改变或提升呢？笔者认为本书提出的评估方法不仅限于在评估结论层面更可靠、更有据可循，而且在方法层面也更理性、更稳定。因而在此没有针对具体的数据重新开展评估，比较评估结论与原结论的差异，而是将形成的评估方法的路径，通过访谈的形式与一线规划师展开讨论，试图回答，基于“要素—情景—方法”的评估方法选择范式，是否解答了评估实践中的困惑或难点。

城市公共空间规划实施评估的原方法，是定量的数据比对（包括与规划目标和国际同等级别大城市的比对）和定性的描述判断（基于实地调研和规划师专业知识的主观判断）两种技术方法，分别属于目标-结果比较和案例质性研究两类方法。根据原评估方法在规划评估文本中得出的评估结论是城市公共空间品质有待提升。具体如下：

（1）公共空间数量上不足。

公共空间的总体数量不足，人均拥有绿地、道路和广场等公共空间的面积还比较低。中心区人均公共绿地面积为 5.29 m^2/人，人均道路广场面积为 15.03 m^2/人，与国际水平人均公共绿地面积 15 m^2/人和人均广场面积 20 m^2/人还有很大差距。

（2）公共空间分布不尽合理，结构上缺乏系统性。

（3）公共空间商业化，片面追求经济效益。

(4) 公共空间使用不便，缺乏人性关爱。

(5) 环境质量差，忽视文化传统和人文精神。

(6) 设计和管理滞后，整体水平不高。

相比而言，本书理论研究形成的方法推演路径，主要带来了以下关键性的改变：

第一，评估要素的前置研讨

先把评估开展的情景在哪个层面上解决问题说清楚，不越俎代庖，也不隔靴搔痒。不求评估面面俱到，例如发挥年度事实监测作用的评估，就没有必要开展每年的问卷调查或者综合指标体系；需要引导决策方向的评估，就不能仅限于事实的描述，需要有对效果的评判以及过程机制的回溯。同时，也进一步证实评估开展的必要性，让评估更站得住脚。

评估公共空间质量提升的成效，重新认定公共空间的外部性、实施绩效的各种类型。把实施最好的或最坏的结果都预计清楚。从社会效益的评判视角出发，规划实施的效果是否符合原有规划的导向？社会效益是否获得了积极正向的收益？

第二，参与主体的价值博弈

把评估中谁是价值评判的主导群体说清楚，而不是模糊不清或是企图站在价值中立的立场上，代表不同价值取向的多类群体。宣称做一个公正的评判者的最终结果，只能陷入摇摆不定和不确定的泥沼中。

不同价值取向的群体作为评估主体，对实施结果做出评价时，其偏差是客观存在的。评估的目的就是希望在价值的评判和结论的协商层面，实现不同利益相关主体价值的充分博弈，以实现公正性和坦诚度。在充分考量不同评估主体的利益诉求中，发现了新的问题。

在对规划实施评估规划师的回访中也有提到，在总体规划修改和规划实施评估中，很大的问题不是在于政治环境或者说领导意志在价值博弈中的力量过强，而是在于很多时候在高压环境中规划师习惯性地不自信，对专业不自信，去揣摩可能并未表达的领导意志。尤其是当存在多方领导意见时，规划师编制规划或评估，不是在寻求大众的共识，而是在猜测领导的共识。可能原本的技术逻辑和专业科学性还是相对清晰的，但是在这样的不自信之下，带给评估更大的障碍。参与主体的价值倾向和不充分的博弈，会给评估结论带来较大的偏差。

第三，选择路径的可回溯性

该方法推演路径将评估的目的、对象、参照标准等做了分层级的梳理，以便在明确评估情景的前提下，使得评估能在需要的层面上解决问题，例如需要事实监测的评估关键采用目标-结果比较的方法。这使得原来混淆难分的评估局面被梳理出几个层次，因评估要素的不同，不同的评估方法各司其职。

在方法选择树模型基础上，评估方法和数据的选择有了清晰的逻辑顺序，便于此后在考量评估结论时，清晰地理解当时开展评估时的客观条件和主观考量，同时也有可能对评估结论中的疑点开展回溯性探讨。

第四，同类方法的可创新性

方法选择树模型最终导向的是基于已有评估方法梳理的一个系统性的方法集，以便在此类方法集中选取适宜的方法。这一类方法集中的技术方法在相同的评估情景下，回答同一层面的问题，有很多共性，当然也因数据需求等不同，有各自的适用条件。与此同时，为针对某一评估案例质性研究评估的技术方法的问题提供了同类的方法基础，也有助于在未来研究中，基于同类方法的优劣和使用性，进一步探索新的技术方法。

7 结论

7.1 主要结论

本研究属于规划研究的范畴，从方法研究的视角出发，研究城市规划的实施评估，最终从理论、准则和方法三个层面对如何评估城市规划实施成效的问题做出解答，并形成了"要素—情景—方法—结论"的分析框架。具体来说，本书最终形成以下三点理论研究的重要结论。

7.1.1 评估方法不单是技术层面上最优化的探索

在城市规划实施评估的方法研究领域，从 20 世纪五六十年代以来一直在演变发展中，其中并不缺乏在技术方法上追求工具理性的探索。然而现实中并不存在"放之四海而皆准"的技术方法或操作模型，譬如可推广的指标体系、通用的计算模型等等。本书的研究以公共政策评估、评估学等成果为理论基础，将不同的规划实施评估技术方法归纳为四类方法集，分别是成本-收益分析、目标-结果比较、综合指标体系和案例质性研究。不同方法集有其各自的适用性，并且分别在不同层面上揭示或解决规划实施中的问题，因而并不存在通用的最优方法解。相比而言，更有意义的是开展针对不同评估方法科学系统化选择(过程理性)的研究，探讨评估方法间的关系和影响评估方法选择的不同因素，从而指导评估方法的合理选择。

本书认为，规划实施评估并不单单是技术问题，试图用科学量化的办法不断优化实现价值中立，而不考虑评估包含价值判断的本质受到实际制度环境和政治因素的影响，是不现实的，也是违背评估研究作为应用研究类型特征的。因而，除了技术层面以外，需要加深对制度、机制和作用等的认识，明晰相应的评估要素(评估的目的、对象、判断标准、参照对象和参与者)。这不仅是评估专业性、科学性的基本保障，同时也形成了不同的评估情景或立场，决定了评估具体在什么层面上(事实的监测、事实的描述、价值的评判、过程的追溯和结论的协商)解决问题。有的是对当前事实的描述和判断，有的是通过评估参与事实，以相应的价值观校验在规划引导下城市发展的成果。

基于"要素—情景"的关联，由谁参与和开展评估、为什么开展评估等基本问题确定了不同的评估要素，从而形成不同的评估情景。在不同情景下，不存在能解决不同层面问题的通用技术方法，而需要选择不同的评估方法集。换言之，评估者不能仅因为某种方法在某一方面的先进性和科学性，就将其运用在评估中，需要首先对相关的评估标准、参考对象和模式等前提做一个基础阐明，从准则到证据，再到结论，形成系统的评估成果。同时，评估结论也受到评估方法以及影响方法选择的前提准则和价值博弈的影响。

7.1.2 构建评估的方法范式：理论、准则和方法

本书提出形成不同评估情景的五个关键性评估要素分别是评估目的、评估对象、评估判断标准、评估参照对象以及评估参与者。基于中国（18 个省 11 个城市 76 份评估报告）和英国（8 个城市）各城市评估实践的研究，探讨了评估方法和评估要素之间的对应关系，并解析了不同评估案例中评估方法选择的路径。据此，建构了规划实施评估方法选择的理论模型 $\text{Evaluation} = F(a, b, c, d, \cdots)$。该理论模型主要分“理论—准则—方法”三个层面阐释，具体包含了理论层面的五组特性。方法选择树模型（见第 5 章图 5-2）和系统分类的方法集，进而指导不同情景下评估方法的科学系统化选择。

第一，理论层面上，根据评估要素的讨论，形成了五组评估的特性，分别是：

（1）现状年与规划目标比较的一致性评估和现状年与初始年比较的有效性评估。

（2）规划中明确的结果式表述的目标性评估（例如人口规模控制在某一数值左右等）和趋势愿景式表述的对策性评估（例如“逐步疏解旧城的部分职能”等）。

（3）针对实施结果的技术性评估和针对实施过程的机制性评估。

（4）考虑未来城市发展新条件和趋势的前瞻性评估，和回顾过去规划引导下城市发展取得的成效的实效性评估。

（5）主要以事实为依据的实证主义评估，由多方利益相关主体参与评估的价值判断的建构主义评估，和两者相综合的现实主义评估。

以上五组相对应的评估特性的理论归纳，旨在增加评估的广度和深度，提高评估的专业性和科学性。如果对以上五个特性不说明清楚，一方面很容易出现评估被滥用为“现状分析”，导致流于表面的错误；另一方面可能高估或低估某一侧面评估的重要性，或是设计了与评估问题不相符的方法，导致片面性的错误。

第二，构建方法选择树模型（简图见图 7-1，详见第 5 章 5.2 节），梳理了不同评估要素的层级关系。基于扎根理论方法对中国和英国实践案例库的研究，建立了“要素—情景—方法”的关联。根据这一系统性的方法范式，提供了一以贯之的稳定性的方法选择逻辑。在价值构架清晰、评估要素明确的前提下，可以为不同的评估情景明确地选择不同的评估方法集，减少因评估方法的选择失误产生的偏差。

第三，通过准则引导，最终导向经系统分类的不同评估技术方法的集合，可供评估方法的选择。从形式上看，依据准则的判定以流程图的形式导向评估方法，和 PPPP 的流程图模型（图 2-8）有相似之处，例如也是按照不同要素的先后层级关系，构架了清晰的选择路径。然而不同的是，PPPP 直接由流程图导出评估结论，因而在路径的选择和判断上

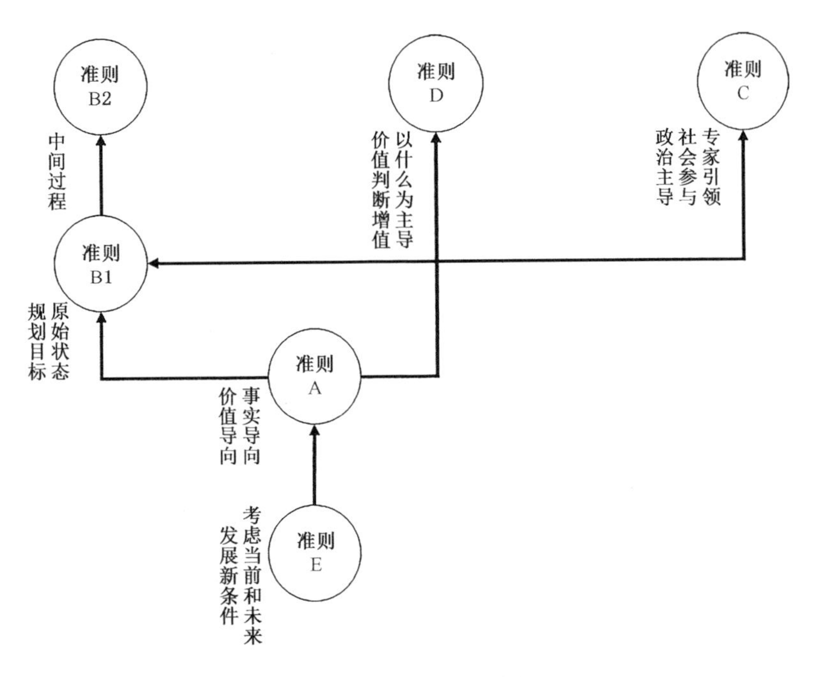

图 7-1　方法选择树模型图

对评估结论带来最直接的影响,也被质疑在路径选择中是否一定是非黑即白的(在路径选择中需要作出实施与目标一致或不一致的"是与否"判断)。而本书得出的方法范式,是导向发挥不同作用的评估方法,更具有实践可行性。

第四,以城市公共空间的规划实施评估为实例,依照"要素—情景—方法"的逻辑推演,形成分别以社会效益和经济效益为价值判断标准的评估方案,运用了社会地图学将社会效益空间化,验证了方法范式在实践中的优化作用,同时也为公共空间规划的编制和实施提出针对性建议。

7.1.3　通过价值的讨论,深化对评估结论的理解

基于评估要素的推演逻辑形成评估方法后,本书探讨了不同案例中"方法—结论"的特征,得出评估结论的不同源于方法选择的前提准则和价值博弈。过去的规划实施评估研究一直通过指标化定量化等方式在寻求最科学最客观的评估方法。而通过研究,本书认为评估并不是纯粹的技术过程,把最科学、最客观作为评估成功的最高标准是不现实的,而应当正视评估的目的、主客体、价值判断等关键要素对评估结论的影响,实现评估方法选择的无偏差,但是不能避免评估结论的偏见。

城市规划作为实施的目标,首先这个目标编制审批之后,是被众多利益相关者共同追求的"同一个梦",若当时没有形成一定程度上对城市发展的共识,那么也没有实施的必要。因而评估的参与者也包含了这一批共同追求规划"愿景"的利益相关者。这个群体是多元的,因而评估的过程也是参与者们多元价值观碰撞协调的过程,价值判断交织

妥协的过程，无论是规划编制主体、规划实施主体，抑或开发者都会介入其中。若采用非第三方的评估，评估者是利益相关群体中的一员，评估结论自然是带有价值偏向的；而若采用第三方评估，也会通过利益相关者直接或间接地给评估者带来压力，给评估结果带来一定影响。因而承认评估是受社会政治等因素影响的工作，并不追求彻底消除如政治、经济等因素的主观影响，而是接受并开放地正视，并不一定完全是有害的，这也有助于加深对各种政治、政策影响的细化理解。相反，去除这些因素的理想化评估，发挥不了实际作用，也并不符合评估的应用价值。

根据本书形成的“理论—准则—方法”的方法范式，评估是多维的，在不同层面上不同的方法集、不同的数据基础，能形成不同的结论。因而，评估没有绝对的中立，或是绝对的“真理”。

第一，评估是一个更替递进的过程，伴随着所获得信息的补充和更充分的价值博弈，也不断地提升和扩充对规划实施的认知。评估结论是可以被不断更新的，不存在终极的正确的评估结论，评估结论是可以开放地受到不同价值观、新的条件和信息的重构和商议的。当评估结论被发现不符合时，不是需要进一步的研究，而是进一步的协商；并不是追求最少的政治因素，而是需要对各种各样政治和利益的价值有细化和成熟的理解。评估的结论是相对的，而非绝对的，会随着环境的改变而改变。因而，评估在价值博弈越充分的地区或城市开展，越能揭示更多维的视角，越能发挥“正义”的作用。

第二，本书认为事实与价值的关系是因价值分配产生的，或者说因价值主体不同而形成的。二者的关系不是对立与否的关系，而是以不同的形式混合的关系。对立与否的关系存在于不同价值取向的主体之间，在做出描述和判断时可能在结果上存在不同或矛盾。在试图掌握事实的行为中，掺杂着主体价值的判断和引导，因而最后获得的是事实和价值组合的产物。根据事实和价值不同的组合产物，将评估的方法分为五个不同层面：事实的监测、事实的描述、价值的评判、过程的追溯和结论的协商等。笔者绘制了抽象图示，依次阐释每一层面所代表的含义（见图 7-2）。首先，评估的对象是一个未知的黑匣子，用内含疑问号的白色方块表示。第一层面事实的监测，是搜集明确指标的数据，例如现状不同用地类型的面积和分布等，即在认知黑匣子前首先确定外轮廓为一个正三角形，通过监测数据填充三角形的内容。第二层面事实的描述，是比较目标和相应的实施结果之间的差异。目标可能需要层层分解，同时描述的方式可以是定量或定性等，例如评估城市中心人口疏解的规划目标实施效果，即确定了目标是一个三角形，在描述时可以按直角、等腰、正三角形等类型依次搜集数据，得出综合评估结果。第三层面价值的评判，是评估主体在掌握基本数据和一定事实依据的情况下，在明确的价值判断下做出优劣判断。由于不同主体的不同立场，这里采用不同几何体的内容表示。第四层面过程的追溯，即在内容中补充对实施过程的追踪和分析，图 7-2 用不同的纹理表示。第五层面结论的协商，评估参与者从各自的价值判断出发，充分地搜集数据，并作出具有逻辑性的价值判断，最终通过协商来系统化校验规划的实施结果。

评估结论反映的是某个阶段的情况，可以解释当时此地发展的轻重缓急，为未来发展的决策导向带来参考价值。与事实的监测、事实的描述的层面不同，最终的评判尤其

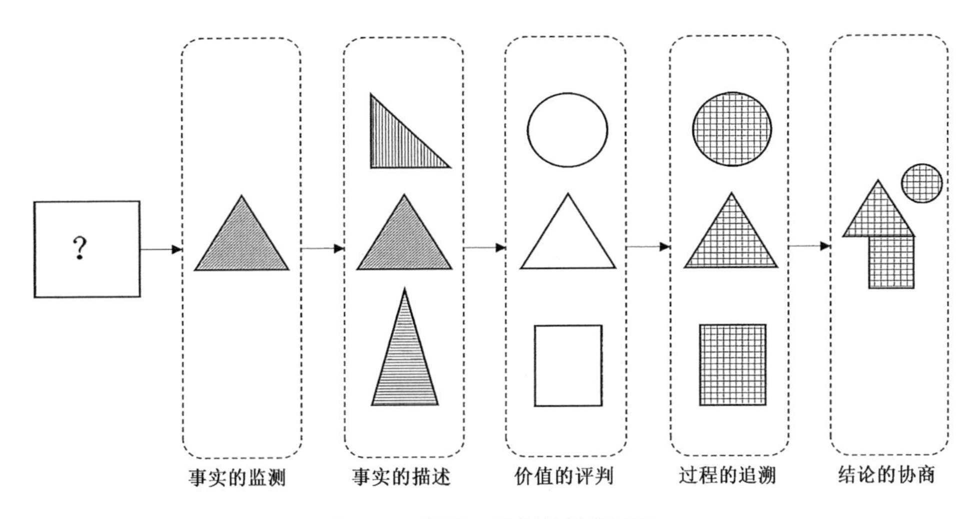

图 7-2　评估五阶段的抽象图示

是对政策调整的建议，难以用技术方法做简单的加权求和或是模拟计算，而需要权衡城市发展环境中的价值博弈。因而，规划实施评估和最终的评判者，以及未来决策制定者之间也存在着密切关系。

第三，本书通过对规划实施评估中价值的讨论，认为价值概念包含三个维度的问题：一是价值标准的倾向性判断；二是确定价值标准下的价值衡量或转化；三是价值在不同主体间的分配方式。因而规划实施评估的过程，不能仅仅为了得出最终优劣评估的结果，还需要把评估标准、参考对象和模式等作为前提基础做一个基础说明，从而最终反馈实施的效用和证明规划的逻辑。方法选择架构的形成原因和支撑该架构背后的主要价值倾向，是评估方法有效与否的关键。评估结论取决于评估要素对评估方法的架构过程，因而理论层面的架构本身是评估结论是否有效的关键。

从方法研究的视角出发，本书通过研究如何选择规划实施评估方法的问题，建构了从评估要素、评估情景到形成评估方法的关联模型。与此同时，通过分析评估对象、评估参照对象、评估目的等要素的分析，反思了城市规划体系在规划编制、规划实施环节中的问题，例如规划目标的可评估性，规划目标中人口用地等绝对数据的意义(是明确的底线还是表达限制的强弱程度)，规划编制时重目标和成效，缺少规划实施路径的设计和规划管理的政策法规保障等。

7.2　主要创新点

本书在第 1 章相关研究的综述中提出已有研究中欠缺方法论层面的探讨，评估研究理论基础薄弱、缺乏针对我国评估实践的研究等有必要进一步开展研究的方向。因而，本书也正是以上述方向为目标，最终形成以下三个关键创新点。

7.2.1 研究视角

本书是对规划实施评估的方法研究，依据规划实施理论、规划实施评估方法实证研究和公共政策评估方法等系统整理了现有的规划实施评估方法，并依据“监测、描述、判断、协商”的特征归纳出四类评估方法集，并对各方法集的相关要素和适用性做出比较分析。

在方法研究的范畴内，本书的研究问题聚焦于探索评估方法选择的路径。通过分析影响评估方法选择的五个关键要素，基于实践研究，建立评估要素和评估方法之间的联系，进而明确指导规划实施评估方法选择的路径，提升评估的专业性和科学性。

7.2.2 理论成果

本书将公共政策评估、教育评估、评估学已相对成熟的理论和方法引入城市规划实施领域中[例如 Guba 和 Linconln，Stockmann 和 Meyer，Stufflebeam 等评估学研究学者的成果(详见第 2 章 2.1 节)]，从而为规划实施评估的研究扩充了创新性、逻辑性的理论基础，特别是在方法论层面的探讨形成了理论创新成果。另外，立足于空间的规划实施评估研究，也为评估学学科拓展了空间评估的维度。

在方法研究视角下，本书第一次提出“要素—情景—方法—结论”的分析框架，揭示了评估方法在选择时不同要素和情景判定对其的重要性。本书认为五个评估要素分别形成了五类评估情景，分别是事实的监测、事实的描述、价值的评判、过程的追溯和结论的协商，同样基于不同评估要素评估方法具有五组相对应的特性：一致性与有效性、目标性与对策性、技术性与机制性、前瞻性与实效性、实证主义与建构主义。

理论成果中，还包含了对城市规划实施评估领域内事实和价值的讨论，需要客观地看待事实和价值的关系，坦诚地认识价值对评估结果不可避免的影响，并帮助拓展了对评估结论的认识。方法研究的目的也并非比试不同评估方法的高下之分，而是梳理方法间的关系，明确为不同方法在不同情景下解决不同层面的问题，建立彼此的联系。

7.2.3 应用成果

首先，由于评估研究属于一类应用型研究，与一般的基础科学研究不同(详见第 5 章 5.1 节的论述)，不单只是为了解释问题和现象，更希望对评估实践的开展提供指导和启示。本书为此提供了更稳定、更系统的方法指南，基于规划实施评估方法范式(“理论—准则—方法—应用”的方法选择树模型，详见第 5 章 5.2 节的图 5-2)，形成实施评估的方法指南。构建合理的方法选择的逻辑链条，有助于在评估之前先梳理清楚影响评估的各方的利益诉求和冲突点，弄清楚彼此在什么时候想出什么牌，从而形成进一步沟通和协商的基础前提。

其次，本书归纳出四类评估方法集，为评估技术方法的选择提供了依据。同时在方法选择树模型的框架下，便于在同类评估情景下，以方法集内的技术方法为基础，创新研发新的评估技术方法。

2010 年前后，城市规划领域涌现了实施评估研究热潮，到了现今已经逐步回复常态，这有助于跳出人云亦云、趋之若骛的局面，更理性平静地思考规划实施评估的问题。当然，评估研究的应用价值并没有褪去，正在论文撰写接近尾声之时，北京市委第十一届十次全会审议通过了《中共北京市委北京市人民政府关于全面深化改革提升城市规划建设管理水平的意见》①。其中针对规划实施体系的完善提出了明确要求，就实施评估而言，要求定期开展第三方评估，实施评估与政府的运行管理和领导干部的问责考核相结合，并每年向人大汇报实施情况。可见规划实施评估在监测规划实施质量、把握城市发展方向、认识实施的严肃性和规划的科学性等方面责无旁贷。

同时，以北京、上海为代表的很多城市新一轮规划的编制工作正在开展着或是即将拉开帷幕，本书的成果希望能为城市开展上一轮规划实施的评估工作，做好理论铺垫并发挥更大的应用价值。

7.3 不足和展望

笔者有幸于第一时间通过实习、访谈等形式了解和掌握中英两国第一线评估实践的探索成果和困惑，这些内容成为本书理论成果的重要基础。当然，笔者并不认为本书为规划实施评估方法提供了绝对正确的或是终极答案，也不认为真正解决了规划实施评估中的难题。但是，非常希望本书的工作和所提出的方法范式，能为评估方法论层面的探讨，增加一个和评估要素、评估情景相关的维度，认识到评估的多层面、多维度的角色。希望通过本书对研究的论述，使得规划实施中的各利益相关者跳出一贯认为评估是规划修改工具的误区，对评估的价值有更深刻的认知，对评估的复杂性有更成熟的理解，能更坦诚地面对评估的理想与现实之间的偏差，或多或少能离规划实施评估的“真理”更走近一步。

因为受限于研究时间、数据资源和个人能力等，本书仍然存在诸多不足之处有待改善和补充。希望以此书的研究成果为不断深化研究的重要基础，未来在以下四个方面进一步开展研究。

第一，评估方法。补充和分析其他国家的评估案例，作为对评估方法集的补充。

第二，实证研究。本书的理论研究成果有赖于更扎实的实证检验，回答理论—准

---

① 该意见颁布于 2016 年 6 月，其中第二部分“强化依法科学高效的规划管控体系”的第五条提出“健全责权统一的规划实施体系”：经依法批准的城乡规划，必须严格执行，不得随意修改；确需修改的，应坚持增减挂钩原则，依照法定程序报原审批机关批准。市、区两级政府每年向同级人民代表大会常务委员会报告城乡规划实施情况。定期开展第三方评估，实施评估将规划实施纳入对区政府的绩效考核和领导干部的责任审计。

则一方法的范式推演形成的评估方法集，是否能形成有理有据、系统稳定的评估结论。本书由于受人力和数据开放性不足等限制，很遗憾未开展定量的实证检验环节，因此留下遗憾。目前开展的实证研究（详见第 6 章）以城市公共空间规划实施评估为例的方法逻辑推演，通过将推演形成评估方法集的新评估方法和与原评估方法的对照分析，与一线规划师的交流回访、校验方法树的优化作用。因而实证研究方面还有待大量的工作继续开展，在数据条件允许的前提下，指导开展不同评估情景下的规划实施评估，以补充或修正本书形成的方法模型，提高此方法的科学性、客观性和可行性。

第三，研究内容。本书研究综述中提出规划实施评估的研究包含方法研究、标准研究、客体研究等多个研究视角。本书从方法研究的视角出发，探讨如何开展规划实施成效的评估，通过分析评估要素是如何影响评估方法的选择，确定了方法选择的逻辑链。本书从方法讨论的视角出发，研究对城市规划实施的行为作出优劣评估的方法。

未来研究中可以考虑继续拓展评估研究的维度，例如以“什么是好的规划实施”为视角，就具体某个价值判断为切入点开展标准研究。经济学政治学等多学科研究成果为标准研究提供更多的切入点，为规划中各类资源价值的评判、价值的衡量或定量转化等带来较多启发，是未来值得研究的方向。另外，可以就侧重总体规划中某项具体的关键要素开展评估研究，研究其特征、分布规律、现状问题和难题、评估中特定的数据需求、评估指标和评估时间等，以及在上述内容确定下所选择的评估方法，也是未来拓展研究的重要方向。对于不同评估客体的数据工作，一方面建议继续倡导官方数据共享和开放环境；另一方面探索包括互联网技术背景下数据挖掘的可能性、探索数据替代的可能方案等。

第四，根据与一线规划师的讨论，形成以下观点：通过研究规划实施评估实践中的困境，分析其中由于规划编制或规划目标本身带给评估的困难，进而从评估反思规划，探讨我国规划体系本身存在的问题，为未来规划体系的转型提供更系统的建议。

参考文献

[1] 蔡海榕,杨廷忠,2003.技术专家治国论话语和学术失范[J].自然辩证法通讯,25(2):95-100.

[2] 陈锋,2007.城市规划理想主义和理性主义之辨[J].城市规划,31(2):9-18.

[3] 陈洪连,2009.公共政策事实与价值关系的理论反思[J].齐鲁学刊,(2):81-84.

[4] 陈丽,曲福田,师学义,2006.耕地资源社会价值测算方法探讨:以山西省柳林县为例[J].资源科学,28(6):86-90.

[5] 陈勇,2004.广州市城市总体发展战略规划实施总结研讨会综述[J].城市规划,28(1):56-59.

[6] 陈有川,陈朋,尹宏玲,2013.中小城市总体规划实施评估中的问题及对策:以山东省为例[J].城市规划,37(9):51-54.

[7] 陈振明,2003.政策科学:公共政策分析导论[M].2版.北京:中国人民大学出版社.

[8] 程宝书,2002.产权经纪理论与实务[M].上海:立信会计出版社.

[9] 邓恩,2011.公共政策分析导论[M].4版.谢明,伏燕,朱雪宁,译.北京:中国人民大学出版社.

[10] 邓宇,袁媛,2013.社区视角下的规划实施评估研究:以海珠区分区规划(2001—2010)为例[C]//城市时代,协同规划——2013中国城市规划年会论文集.青岛:36-54.

[11] 丁国胜,宋彦,陈燕萍,2013.规划评估促进动态规划的作用机制、概念框架与路径[J].规划师,29(6):5-9.

[12] 杜立群,2012.北京城市总体规划实施评估[J].城市管理与科技,14(5):34-35.

[13] 段鹏,2011.城市总体规划实施评估:以长沙市为例[D].长沙:中南大学.

[14] 费希尔,2003.公共政策评估[M].吴爱明,李平等,译.北京:中国人民大学出版社.

[15] 费潇,2006.城市总体规划实施评价研究[D].杭州:浙江大学.

[16] 冯经明,2013.上海市城市总体规划实施评估若干问题的战略思考[J].上海城市规划,(3):6-10.

[17] 古贝,林肯,2008.第四代评估[M].秦霖,译.北京:中国人民大学出版社.

[18] 顾大治,管早临,2013.英国"动态规划"理论及实践[J].城市规划,37(6):81-88.

[19] 顾永清,1994.试论城市的动态规划[J].城市规划汇刊,(1):38-41.
[20] 郭亮,2009.浅谈城市规划质量评价中的三点问题[J].国际城市规划,24(6):40-45.
[21] 韩高峰,王涛,谭纵波,2013.新时期控制性详细规划动态评估与维护策略[J].规划师,29(10):73-78.
[22] 贺璟寰,2014.城市规划实施评估的两种视角[J].国际城市规划,29(1):80-86.
[23] 贺伟,2014.城市总体规划实施评估研究[D].呼和浩特:内蒙古大学.
[24] 黄明华,孙立,陈洋,等,2002.城市动态规划的理论、方法与实践:兼谈榆林城市总体规划[J].西安交通大学学报(社会科学版),22(2):23-26.
[25] 姜洋,2007.新城规划有效性初探[D].北京:清华大学.
[26] 李德华,2001.城市规划原理[M].3版.北京:中国建筑工业出版社.
[27] 李奎,2009.公共政策价值的政治学分析[J].南昌航空大学学报(社会科学版),11(2):54-59.
[28] 李王鸣,2007.城市总体规划实施评价研究[M].杭州:浙江大学出版社.
[29] 李王鸣,沈颖溢,2010.关于提高城乡规划实施评价有效性与可操作性的探讨[J].规划师,26(3):19-24.
[30] 梁鹤年,2004.政策分析[J].城市规划,28(11):78-85.
[31] 梁鹤年,2009.政策规划与评估方法[M].北京:中国人民大学出版社.
[32] 刘成哲,2013.完善城市总体规划动态实施评估体系研究[C]//城市时代,协同规划——2013中国城市规划年会论文集.青岛:370-378.
[33] 刘刚,王兰,2009.协作式规划评价指标及芝加哥大都市区框架规划评析[J].国际城市规划,24(6):34-39.
[34] 刘佳燕,2010.公共空间的未来:社会演进视角下的公共性[J].北京规划建设,132(3):47-51.
[35] 刘建邦,2013.城市总体规划实施评估指标体系的构建与应用:以永新县为例[D].武汉:华中科技大学.
[36] 刘晴,杨新军,王蕾,等,2010.西安大唐芙蓉园国内游憩利用价值评估[J].人文地理,25(5):118-123.
[37] 龙瀛,韩昊英,谷一桢,等,2011.城市规划实施的时空动态评价[J].地理科学进展,30(8):967-977.
[38] 吕萌丽,吴志勇,2010.城市总体规划实施年度评价探析:以广州市为例[J].规划师,26(11):61-65.
[39] 马歇尔,1964.经济学原理[M].朱志泰,译.商务印书馆.
[40] 潘星,2013.新型城镇化背景下政府绩效考核的变革及规划对策研究[C]//城市时代,协同规划——2013中国城市规划年会论文集.青岛:289-296.
[41] 彭海东,尹稚,2008.政府的价值取向与行为动机分析:我国地方政府与城市规划制定[J].城市规划,32(4):41-48.

[42] 皮尔斯,1992. 现代经济学辞典[M]. 毕吉耀,谷爱俊,译. 北京:北京航空航天大学出版社.
[43] 戚冬瑾,周剑云,2011. 英国城乡规划的经验及启示:写在《英国城乡规划》第 14 版中文版出版之前[J]. 城市问题,(7):83-90.
[44] 邱均平,邹菲,2004. 关于内容分析法的研究[J]. 中国图书馆学报,30(2):14-19.
[45] 仇保兴,2012. 新型城镇化:从概念到行动[J]. 行政管理改革,(11):11-18.
[46] 深圳市城市规划设计研究院,2001. 深圳市城市总体规划检讨与近期建设规划[EB/OL]. [2021-09-10]. http://www.upr.cn/product-available-product-i_12551.htm.
[47] 施托克曼,梅耶,2012. 评估学[M]. 唐以志,译. 上海:人民出版社.
[48] 石楠,2015. 新常态下城市空间品质问题的新视角[J]. 上海城市规划,(1):1-3.
[49] 石崧,沈璐,2013. 基于国际排名比较的上海城市总规目标绩效评估研究[C]//城市时代,协同规划——2013 中国城市规划年会论文集. 青岛:55-71.
[50] 斯塔弗尔比姆,2012. 评估模型[M]. 苏锦丽,译. 北京:北京大学出版社.
[51] 宋彦,陈燕萍,2012. 城市规划评估指引[M]. 北京:中国建筑工业出版社.
[52] 苏立娟,陈嘉文,覃鑫浩,等,2014. 新西兰林业规划实施评估理论、方法与借鉴[J]. 世界林业研究,27(1):77-81.
[53] 孙超俊,2015. 铜川城市总体规划实施评估研究[D]. 西安:西安建筑科技大学.
[54] 孙施文,2000. 城市规划的实践与实效:关于《城市规划实效论》的评论[J]. 规划师,16(2):78-82.
[55] 孙施文,2005. 英国城市规划近年来的发展动态[J]. 国外城市规划,20(6):11-15.
[56] 孙施文,2015. 基于城市建设状况的总体规划实施评价及其方法[J]. 城市规划学刊,(3):9-14.
[57] 孙施文,周宇,2003. 城市规划实施评价的理论与方法[J]. 城市规划汇刊,(2):15-20.
[58] 孙晓娥,2011. 扎根理论在深度访谈研究中的实例探析[J]. 西安交通大学学报(社会科学版),31(6):87-92.
[59] 单卓然,黄亚平,2013. “新型城镇化”概念内涵、目标内容、规划策略及认知误区解析[J]. 城市规划学刊,(2):16-22.
[60] 谭纵波,2004. 从西方城市规划的二元结构看总体规划的职能[C]//2004 城市规划年会论文集. 北京:65-71.
[61] 唐凯,2011. 开展规划评估,促进规划改革[J]. 城市规划,35(11):9-10.
[62] 田莉,吕传廷,沈体雁,2008. 城市总体规划实施评价的理论与实证研究:以广州市总体规划(2001—2010 年)为例[J]. 城市规划学刊,(5):90-96.
[63] 王富海,孙施文,周剑云,等,2013. 城市规划:从终极蓝图到动态规划:动态规划实践与理论[J]. 城市规划,37(1):70-75.
[64] 王静,郝晋珉,段瑞娟,2005. 农地利用社会效益评价的指标体系与方法研究[J].

资源·产业,7：64-67.
[65] 王伊倜,李云帆,2013.总体规划实施评估的范式探讨和实证研究:以克拉玛依市城市总体规划实施评估为例[C]//城市时代,协同规划——2013 中国城市规划年会论文集.青岛:255-269.
[66] 王政淇,赵纲,2015.中央城市工作会议在北京举行:习近平李克强作重要讲话 张德江俞正声刘云山王岐山张高丽出席会议[N].人民日报,2015-12-23(1).
[67] 韦伯斯特,2011.规划评估、产权以及城市规划的目的[M]//周国艳.城市规划评价及其方法.南京:东南大学出版社:59-66.
[68] 韦伯斯特,张播,李晶晶,2008.产权、公共空间和城市设计[J].国际城市规划,23(6)：3-12.
[69] 韦亚平,赵民,2003.关于城市规划的理想主义与理性主义理念:对“近期建设规划”讨论的思考[J].城市规划,27(8)：49-55.
[70] 休谟,2001.道德原则研究[M].曾晓平,译.北京:商务印书馆.
[71] 徐瑾,顾朝林,2015a.英格兰城市规划体系改革新动态[J].国际城市规划,30(3)：78-83.
[72] 徐瑾,刘佳燕,2015b.城市公共空间建设困境和破局之策研究:基于产权制度的视角[C]//2015 中国城市规划年会论文集.贵阳:892-905.
[73] 徐瑾,2015c.城市规划实施的一致性和有效性评估[M]//李锦生.中国城乡规划实施研究.北京:中国建筑工业出版社:50-57.
[74] 徐梦洁,葛向东,张永勤,等,2001.耕地可持续利用评价指标体系及评价[J].土壤学报,38(3)：275-284.
[75] 徐煜辉,徐嘉,李旭,2010.宜居城市视角下中小城市总体规划实施评价体系构建:以重庆市万州区为例[J].城市发展研究,17(2)：154-158.
[76] 许松辉,周文,2007.面向管理的公共空间设计控制[J].规划师,23(12)：68-70.
[77] 杨保军,于涛,王富海,等,2011.“规划浪费”谁之过[J].城市规划,35(1)：60-67.
[78] 杨君然,2014.什刹海历史文化街区保护规划实施评估路径研究[D].北京:清华大学.
[79] 杨晓春,司马晓,洪涛,2007.城市公共开放空间系统规划的几个切入点:以深圳为例[C]//2007 中国城市规划年会论文集.哈尔滨:1307-1313.
[80] 杨迎旭,吴志强,2008.英格兰“地方发展框架”(LDF)及其启示[J].国际城市规划,23(4)：78-85.
[81] 姚士谋,张平宇,余成,等,2014.中国新型城镇化理论与实践问题[J].地理科学,34(6)：641-647.
[82] 尹稚,2010.规划师的职业规划[J].城市规划,34(12)：37-41.
[83] 于立,2011.控制型规划和指导型规划及未来规划体系的发展趋势:以荷兰与英国为例[J].国际城市规划,26(5)：56-65.
[84] 袁也,2014.总体规划实施评价方法的主要问题及其思考[J].城市规划学刊,(2)：

60-66.
[85] 张兵,1996. 论城市规划实效评价的若干基本问题[J]. 城市规划汇刊,(2): 1-11.
[86] 张兵,1998. 城市规划实效论——城市规划实践的分析理论[M]. 北京:中国人民大学出版社.
[87] 张杰,2010. 英国 2004 年新体系下发展规划研究[D]. 北京:清华大学.
[88] 张庭伟,2006. 规划理论作为一种制度创新:论规划理论的多向性和理论发展轨迹的非线性[J]. 城市规划,30(8): 9-18.
[89] 张庭伟,2009. 技术评价,实效评价,价值评价:关于城市规划成果的评价[J]. 国际城市规划,24(6): 1-2.
[90] 张庭伟,2012. 梳理城市规划理论:城市规划作为一级学科的理论问题[J]. 城市规划,36(4): 9-17.
[91] 张庭伟,于洋,2010. 经济全球化时代下城市公共空间的开发与管理[J]. 城市规划学刊,(5): 1-14.
[92] 赵民,2000. 论城市规划的实施[J]. 城市规划汇刊,(4): 28-31.
[93] 赵民,汪军,刘锋,2013. 关于城市总体规划实施评估的体系建构:以蚌埠市城市总体规划实施评估为例[J]. 上海城市规划,(3): 18-22.
[94] 赵佩佩,顾浩,孙加凤,2014. 新型城镇化背景下城乡规划的转型思考[J]. 规划师,30(4): 95-100.
[95] 郑德高,闫岩,2013. 实效性和前瞻性:关于总体规划评估的若干思考[J]. 城市规划,37(4): 37-42.
[96] 郑林,2007. 事实与价值的缠结与“是—应该”问题:兼评普特南对“事实—价值”二分法的颠覆[D]. 广州:华南师范大学.
[97] 郑童,吕斌,张纯,2011. 基于模糊评价法的宜居社区评价研究[J]. 城市发展研究,18(9): 118-124.
[98] 周国艳,2012. 西方城市规划有效性评价的理论范式及其演进[J]. 城市规划,36(11): 58-66.
[99] 周国艳,2013a. 城市规划实施有效性评价:从关注结果转向关注过程的动态监控[J]. 规划师,29(6): 24-28.
[100] 周国艳,2013b. 城市规划评价及其方法:欧洲理论家与中国学者的前沿性研究[M]. 南京:东南大学出版社.
[101] 周进,黄建中,2003. 城市公共空间品质评价指标体系的探讨[J]. 建筑师,(3): 52-56.
[102] 周艳妮,姜涛,宋晓杰,等,2014. 英国年度城乡规划实施评估的国际经验与启示[C]//城乡治理与规划改革——2014 中国城市规划年会论文集. 海口:19-30.
[103] 朱雯娟,邢栋,2014. 城市总体规划实施的阶段性评估的特征探讨[C]//城乡治理与规划改革——2014 中国城市规划年会论文集. 海口:727-735.
[104] 邹兵,2003. 探索城市总体规划的实施机制:深圳市城市总体规划检讨与对策[J].

城市规划汇刊,(2)：21-27.

[105] 邹兵,2008.城市规划实施:机制和探索[J].城市规划,32(11)：21-23.

[106] 邹德慈,2006.再论城市规划[J].城市规划，30(11)：60-64.

[107] Alexander E R，1985. From idea to action notes for a contingency theory of the policy implementation process [J]. Administration & Society，16(4)：403-426.

[108] Alexander E R，1992. Approaches to Planning：A Review of Current Planning Theories，Concepts and Issues，2nd edn[M]. Amsterdam：Gordon & Breach.

[109] Alexander E R，2002. Planning rights：Toward normative criteria for evaluating plans [J]. International Planning Studies，7(3)：191-212.

[110] Alexander E R，2006. Evaluation in planning：Evolution and prospects [M]. London：Taylor & Francis.

[111] Alexander E R，Faludi A，1989. Planning and plan implementation：Notes on evaluation criteria [J]. Environment and Planning B：Planning and Design，16(2)：127-140.

[112] Alkin M C，Daillak R，White P，1991. Does evaluation make a difference[M]// Knowledge for Policy：Improving Education through Research. London：Falmer：268-275.

[113] Bachtler J，Wren C，2006. Evaluation of European Union Cohesion policy：Research questions and policy challenges [J]. Regional Studies，40(2)：143-153.

[114] Bentham J，1789. A utilitarian view [M]// Animal rights and human obligations. New Jersey：Prentice Hall：25-26.

[115] Berke P，Backhurst M，Laurian L，et al，2006. What makes successful plan implementation? An evaluation of implementation practices of permit reviews in New Zealand [J]. Environment and Planning B：Planning and Design，33(4)：581-600.

[116] Berke P R，1994. Evaluating environmental plan quality：The case of planning for sustainable development in New Zealand [J]. Journal of Environmental Planning and Management，37(2)：155-169.

[117] Brody S D，Highfield W E，2005. Does planning work? Testing the implementation of local environmental planning in Florida [J]. Journal of the American Planning Association，71(2)：159-175.

[118] Brown G，2012. Public Participation GIS (PPGIS) for regional and environmental planning：Reflections on a decade of empirical research [J]. Journal of Urban and Regional Information Systems Association，25(2)：7-18.

[119] Brown G，Schebella M F，Weber D，2014. Using participatory GIS to measure physical activity and urban park benefits [J]. Landscape and Urban Planning，121：34-44.

[120] Burchell R W, Listokin D, 2012. The fiscal impact handbook: Estimating local costs and revenues of land development [M]. New Jersey: Transaction Publishers.

[121] Cambridge City Council, 2012. Annual Monitoring Report[R/OL]. [2021-09-11]. https://www.cambridge.gov.uk/media/2474/2012-amr.pdf

[122] Carmona M, Sieh L, 2004. Measuring quality in planning [M]. London: Routledge.

[123] Christie C A, Alkin M C, 2008. Evaluation theory tree re-examined [J]. Studies in Educational Evaluation, 34(3): 131-135.

[123] DCLG (Department for Communities and Local Government), 2012. National Planning Policy Framework [R]. London: The National Archives.

[124] Faludi A, 1980. Implementation planning or the implementation of plans? Effectiveness as a methodological problem [M]. Amsterdam: Planologisch en Demografisch Instituut.

[125] Faludi A, Alexander E, 1989. Planning and plan implementation: notes on evaluation criteria [J]. Environment and Planning B: Planning and Design, 16(2): 127-140.

[126] Faludi A, 2000. The performance of spatial planning [J]. Planning Practice & Research, 15(4): 299-318.

[127] Fischer F, 1995. Evaluating Public Policy[M]. Chicago: Nelson-Hall.

[128] Fischer F, 2003. Reframing Public Policy: Discursive Politics and Deliberative Practices[M]. Oxford: Oxford University Press.

[129] Fitzpatrick J L, Sanders J R, Worthen B R, 2004. Program evaluation: Alternative approaches and practical guidelines [M]. Boston: Pearson Education Inc.

[130] Friedman J A, 1986. Tales of Times Square [M]. New York: Delacorte Press.

[131] Gies E, 2006. The Health Benefits of Parks [R]. San Francisco: The Trust for Public Land.

[132] Glaser B G, 1978. Theoretical sensitivity: Advances in the methodology of grounded theory [M]. Mill Valley: Sociology Press.

[133] Glaser B G, 1992. Basics of grounded theory analysis: Emergence vs. Forcing [M]. Mill Valley: Sociology Press.

[134] Glaser B G, Straus A L, 1967. The discovery of grounded theory: Strategies for qualitative research [M]. Chicago: Aldine de Gruyter.

[135] Great Wellington Regional Council, 2005. Planning balance sheet assessment [Z]. Wellington: Maunsell Limited.

[136] Greene F J, 2009. Assessing the impact of policy interventions: The influence of evaluation methodology [J]. Environment and Planning C: Government and Policy, 27(2): 216-229.

[137] Hall P, Tewdwr-Jones M, 2010. Urban and regional planning [M]. London: Routledge.
[138] Hamelberg M, 2015. Map Goal Achievement [EB/OL]. [2021-9-15]. https://www.cartoma.info/myagro.
[139] Hardin G, 1998. Extensions of "The Tragedy of the Commons" [J]. Science, 280(5364): 682-683.
[140] Harvey D, 1973. Social Justice and the City[M]. Maryland: Johns Hopkins University Press.
[141] Healey P, 1985. The implementation of planning policies and the role of development plans: Planning policy implementation in Greater Manchester and the West Midlands [M]. Oxford: Department of Town Planning, Oxford Polytechnic.
[142] Heffernan E, Heffernan T, Pan W, 2014. The relationship between the quality of active frontages and public perceptions of public spaces [J]. Urban Design International, 19(1): 92-102.
[143] Hill M, 1968. A goals-achievement matrix for evaluating alternative plans [J]. Journal of the American Institute of Planners, 34(1): 19-29.
[144] HM Treasury, 2011. The Localism Act 2011[R/OL]. [2021-08-28]. https://www.gov.uk/government/publications/localism-act-2011-overview.
[145] HM Treasury, 2020. The green book: Appraisal and evaluation in central government[R/OL]. [2021-08-28]. https://www.gov.uk/government/publications/the-green-book-appraisal-and-evaluation-in-central-governent.
[146] House of Lords, 2013. Growth & Infrastructure Act[R/OL]. [2021-08-28]. https://www.legislation.gov.uk/ukpga/2013/27.
[147] Hull A, Alexander E R, Khakee A, et al, 2012. Evaluation for participation and sustainability in planning [M]. London: Routledge.
[148] Klinkenberg B, 2007. Multi-criteria evaluation [EB/OL]. [2021-09-11]. https://ibis.geog.ubc.ca/~brian/TeachingHomePage.html
[149] Kreitler J, Stoms D M, Davis F W, 2014. Optimization in the utility maximization framework for conservation planning: A comparison of solution procedures in a study of multifunctional agriculture [J]. Peer J, 2: e690.
[150] Kyttä M, Broberg A, Tzoulas T, et al, 2013. Towards contextually sensitive urban densification: Location-based softGIS knowledge revealing perceived residential environmental quality [J]. Landscape and Urban Planning, 113: 30-46.
[151] Kyttä M, Kahila M, Broberg A, 2011. Perceived environmental quality as an input to urban infill policy-making [J]. URBAN DESIGN International, 16(1): 19-35.
[152] Laurian L, Day M, Berke P, et al, 2004. Evaluating plan implementation:

A conformance-based methodology [J]. Journal of the American Planning Association, 70(4): 471-480.
[153] Lichfield N, 1964. Cost-benefit analysis in plan evaluation [J]. Town Planning Review, 35(2): 159.
[154] Lichfield N, Barbanente A, Borri D, et al, 1998. Evaluation in planning [M]. Dordrecht: Springer Netherlands.
[155] Lichfield N, Kettle P, Whitbread M, 1975. Evaluation in the planning process [M]//Evaluation in the Planning Process. Amsterdam: Elsevier: 32-47.
[156] Lichfield N, Prat A, 1998. Linking Ex Ante and Ex Post Evaluation in British Town Planning [M]//Lichfield N, Barbanente A, Borri D, et al. Evaluation in Planning: Facing the Challenge of Complexity. Dordrecht : Springer: 283-298.
[157] Mcharg I L, Mumford L, 1969. Design with nature [M]. New York: American Museum of Natural History.
[158] Mcloughlin J B, 1969. Urban and regional planning: A systems approach [M]. London: Faber & Faber.
[159] Moretto L, 2015. Application of the "Urban Governance Index" to water service provisions: Between rhetoric and reality [J]. Habitat International, 49: 435-444.
[160] Oliveira V, Pinho P, 2009. Evaluating plans, processes and results [J]. Planning Theory & Practice, 10(1): 35-63.
[161] Oliveira V, Pinho P, 2010. Evaluation in urban planning: Advances and prospects [J]. Journal of Planning Literature, 24(4): 343-361.
[162] Pipia E, 2015. The Effectiveness of Goal-free Evaluation in Curriculum Development and in Quality Assurance Process [J]. Journal of Education, 3(2): 29-31.
[163] Putnam H, 2002. The collapse of the fact/value dichotomy and other essays [M]. Cambridge: Harvard University Press.
[164] Rantanen H, Kahila M, 2009. The SoftGIS approach to local knowledge [J]. Journal of Environmental Management, 90(6): 1981-1990.
[165] Rydin Y, 1998. Urban and environmental planning in the UK [M]. London: Macmillan Education UK.
[166] Scriven M, 1991. Prose and cons about goal-free evaluation [J]. Evaluation Practice, 12(1): 55-63.
[167] Söderbaum P, 1998. Economics and ecological sustainability: An actor-network approach to evaluation [M]//The GeoJournal Library. Dordrecht: Springer Netherlands: 51-71.
[168] Strauss A, Corbin J M, 1990. Basics of qualitative research: Grounded theory procedures and techniques[M]. Thousand Oaks: Sage Publications Inc.
[169] Stufflebeam Daniel L, Shinkfield Anthony J, et al, 2007. Evaluation theory,

models, and applications [M]. San Francisco: Jossey-Bass.

[170] Talen E, 1996a. After the plans: Methods to evaluate the implementation success of plans [J]. Journal of Planning Education and Research, 16(2): 79-91.

[171] Talen E, 1996b. Do plans get implemented? A review of evaluation in planning [J]. Journal of Planning Literature, 10(3): 248-259.

[172] Talen E, 1997. The social equity of urban service distribution: An exploration of park access in Pueblo, Colorado, and Macon, Georgia [J]. Urban Geography, 18(6): 521-541.

[173] Talen E, 2000. Bottom-up GIS [J]. Journal of the American Planning Association, 66(3): 279-294.

[174] Talen E, Shah S, 2007. Neighborhood evaluation using GIS [J]. Environment and Behavior, 39(5): 583-615.

[175] The Royal Town Planning Institute, 2008. Measuring the outcomes of spatial planning in England Final Report [R/OL]. [2021-09-06]. http://www.rtpi.org.uk/media/11201/measuring_the_outcomes_of_spatial_planning_in_england_2008_.pdf.

[176] The UK Government, 1991. Planning and Compensation Act 1991 [R]. London: Her/His Majesty's Stationary Office.

[177] Tyler P, Warnock C, Provins A, et al, 2013. Valuing the benefits of urban regeneration [J]. Urban Studies, 50(1): 169-190.

[178] Vedung E, 2010. Four waves of evaluation diffusion [J]. Evaluation, 16(3): 263-277.

[179] Vickers G, 2013. Value systems and social process [M]. London: Routledge.

[180] Voogd H, 1982. Multicriteria evaluation with mixed qualitative and quantitative data [J]. Environment and Planning B: Planning and Design, 9(2): 221-236.

[181] White M P, Alcock I, Wheeler B W, et al, 2013. Would You be happier living in a greener urban area? A fixed-effects analysis of panel data [J]. Psychological Science, 24(6): 920-928.

[182] Wildavsky A, 1973. If planning is everything, maybe it's nothing [J]. Policy Sciences, 4(2): 127-153.

[183] Wilson J Q, 1973. On pettigrew and armor: An afterword [J]. Public Interest, (30): 132.

[184] Wong C, Rae A, Baker M, et al, 2008. Measuring the outcomes of spatial planning in England [R]. London: The Royal Town Planning Institute.

[185] Wood C M. 1995. Environmental Impact Assessment: A Comparative Review. Harlow: Longman.

[186] Zeisel J, 1984. Inquiry by Design: Tools for Environment-Behavior Research [M]. Cambridge: Cambridge University Press.

附录 A　国外研究的代表性学者及成果

<table>
<tr><td colspan="2">作者</td><td>职位</td><td>大学</td><td>国家</td></tr>
<tr><td colspan="2">Nathaniel Lichfield</td><td>教授</td><td>伦敦学院大学</td><td>英国</td></tr>
<tr><td>发表时间</td><td colspan="2">研究成果</td><td colspan="2">文献来源</td></tr>
<tr><td>1964</td><td colspan="2">Cost-benefit analysis in plan evaluation</td><td colspan="2">Town Planning Review</td></tr>
<tr><td>1966</td><td colspan="2">Cost benefit analysis in town planning — A case study：Swanley</td><td colspan="2">Urban Studies</td></tr>
<tr><td>1970</td><td colspan="2">Evaluation methodology of urban and regional plans：A review</td><td colspan="2">Regional Studies</td></tr>
<tr><td>1975</td><td colspan="2">Evaluation in the planning process：The urban and regional planning</td><td colspan="2">Book</td></tr>
<tr><td>1985</td><td colspan="2">From impact assessment to impact evaluation</td><td colspan="2">Paper in book （Evaluation of complex policy problems）</td></tr>
<tr><td>1997</td><td colspan="2">Integrating environmental assessment with development planning</td><td colspan="2">Paper in book（Integrating Environmental Assessment with Development planning）</td></tr>
<tr><td>1998</td><td colspan="2">Evaluation in planning：Facing the challenge of complexity</td><td colspan="2">Book</td></tr>
<tr><td>1998</td><td colspan="2">Linking ex-ante and ex-post evaluation in British town planning</td><td colspan="2">Paper in book （Evaluation in planning：Facing the challenge of complexity）</td></tr>
<tr><td colspan="2">Ernest R Alexander</td><td>名誉教授</td><td>威斯康星大学</td><td>美国</td></tr>
<tr><td>发表时间</td><td colspan="2">研究成果</td><td colspan="2">文献来源</td></tr>
<tr><td>1983</td><td colspan="2">Evaluating plan implementation：The national statutory planning system in Israel</td><td colspan="2">Progress in Planning</td></tr>
<tr><td>1985</td><td colspan="2">From idea to action notes for a contingency theory of the policy implementation process</td><td colspan="2">Administrative and Society</td></tr>
<tr><td>1986</td><td colspan="2">What is plan-implementation and how is it taught?</td><td colspan="2">Journal of Planning Education and Research</td></tr>
</table>

续表

作者		职位	大学	国家
Ernest R Alexander		名誉教授	威斯康星大学	美国
发表时间	研究成果		文献来源	
1989	Planning and plan implementation: Notes on evaluation criteria		Environment & Planning B	
1989	Improbable implementation: The pressman — wildavsky paradox revisited		Journal of Public Policy	
1992	A transaction cost theory of planning		Journal of the American Planning Association	
1998	Planning and implementation: Coordinative planning in practice		International Planning Studies	
1998	Evaluation in Israeli spatial planning		Paper in book (Evaluation in Planning)	
2002	The public interest in planning: From legitimation to substantive plan evaluation		Planning Theory	
2002	Planning rights: Toward normative criteria for evaluating plans		International Planning Studies	
2006	Evolution and status: Where is planning evaluation today and how did it get here		Paper in book (Evaluation in planning: Evaluation and prospects)	
2006	Evaluations and rationalities: Reasoning with values in planning		Paper in book (Evaluation in plannings: Evaluation and prospects)	
2006	Evaluation in planning: evolution and prospects		Book	
Andreas Faludi		教授	代尔夫特理工大学	荷兰
发表时间	研究成果		文献来源	
1959	The evaluation of planning-some sociological considerations		A Reader in Planning Theory International Social Science Journal	
1983	A comparative analysis of local planning in the Netherlands and England		Flexibility and Commitment in Planning	
1985	Evaluation of complex policy problems		Book	
1994	Evaluating communicative planning: A revised design for performance research		European Planning Studies	
1997	Strategies for improving the performance of planning: some empirical research		Environment & Planning B	
1997	Evaluation of strategic plans: The performance principle		Environment & Planning B	

续表

作者		职位	大学	国家
Andreas Faludi		教授	代尔夫特理工大学	荷兰
发表时间	研究成果		文献来源	
1998	Why in planning the myth of the framework is anything but that		Philosophy of the Social Sciences	
2006	Evaluating plans: The application of the European Spatial Development Perspective		Paper in book (Evaluation in planning: Evaluation and prospects)	
Abdul Khakee		教授	苏黎世理工大学	瑞士
发表时间	研究成果		文献来源	
1994	A methodology for evaluating structure planning		Environment & Planning B	
1997	Evaluating theory-practice and urban-rural interplay in Planning		Book	
1998	Evaluation and the planning process: Inseparable concepts		Town Planning Review	
1998	The communicative turn in planning and evaluation		Paper in book (Evaluation in Planning)	
2000	Reading plans as an exercise in evaluation		Evaluation	
2003	The emerging gap between evaluation research and practice		Evaluation	
2005	Influencing ideas and inspirations. Scenarios as an instrument in evaluation		Foresight	
2005	Evaluation research		International Encyclopaedia of Social Policy	
2008	New principles in planning evaluation		Book	
2012	Evaluation for participation and sustainability in planning		Book	
Emily Talen		教授	亚利桑那州立大学	美国
发表时间	研究成果		文献来源	
1995	The achievement of planning goals: A methodology for evaluating the success of plans		PhD Thesis	
1996	Do plans get implemented? A review of evaluation in planning		Journal of Planning Literature	
1996	After the plans: Methods to evaluate the implementation success of plans		Journal of Planning Education and Research	
1997	Success, failure, and conformance: An alternative approach to planning evaluation		Environment & Planning B	
1998	Assessing spatial equity: An evaluation of measures of accessibility to public playgrounds		Environment & Planning A	

续表

作者		职位	大学	国家
Emily Talen		教授	亚利桑那州立大学	美国
发表时间	研究成果		文献来源	
1999	Constructing neighborhoods from the bottom up: The case for resident-generated GIS		Evaluation & Planning B	
2000	Bottom-up GIS: A new tool for individual and group expression in participatory planning		Journal of the American Planning Association	
2000	Measuring the public realm: A preliminary assessment of the link between public space and sense of community		Journal of Architectural and Planning Research	
2002	The social goals of new urbanism		Housing Policy Debate	
2007	Neighborhood evaluation using GIS: An exploratory study		Environment and Behavior	
2015	What is a "great neighborhood"? An analysis of APA's top-rated places		Journal of the American Planning Association	
Philip Berke		教授	北卡罗来纳大学、德克萨斯 A&M 大学	美国
发表时间	研究成果		文献来源	
1983	San Francisco Bay: A successful case of coastal zone planning legislation and implementation		Urban Law	
1994	Evaluating environmental plan quality: The case of planning for sustainable development in New Zealand		Journal of Environmental Planning and Managemen	
1999	Planning for sustainable development: Measuring progress in plans		Lincoln Institute of Land Policy	
2000	Are we planning for sustainable development? An evaluation of 30 comprehensive plans		Journal of the American planning association	
2002	The quality of district plans and their implementation: Towards environmental quality		Australia-New Zealand Planning Congress	
2004	What makes a good sustainable development plan? An analysis of factors that influence principles of sustainable development		Environment & Planning A	
2006	What makes successful plan implementation? An evaluation of implementation practices of permit reviews in New Zealand		Environment & Planning B	
2009	Searching for the good plan a meta-analysis of plan quality studies		Journal of Planning Literature	

续表

作者		职位	大学	国家
Samuel D Brody		教授	德克萨斯 A&M 大学	美国
发表时间	研究成果		文献来源	
2005	Does planning work? Testing the implementation of local environmental planning in Florida		Journal of the American Planning Association	
Lucie Laurian		副教授	爱荷华大学	美国
发表时间	研究成果		文献来源	
2004	Evaluating plan implementation: A conformance-based methodology		Journal of the American Planning Association	
2004	What drives plan implementation? Plans, planning agencies and developers		Journal of Environmental Planning and Management	
2008	Can the effectiveness of plans be monitored? Answers from POE, a new plan outcome evaluation method		Planning Quarterly	
2010	Evaluating the outcomes of plans: Theory, practice, and methodology		Environment & Planning B	
Matthew Carmona & Louie Sieh		教授	伦敦大学学院	英国
发表时间	研究成果		文献来源	
2004	Measuring quality in planning		Book	
Vitor Oliveira & Paulo Pinhoa		教授	波尔图大学	葡萄牙
发表时间	研究成果		文献来源	
2009	Evaluating plans, processes and results		Planning Theory & Practice	
2010	Evaluation in urban planning: Advances and prospects		Journal of Planning Literature	
2010	Measuring success in planning: Developing and testing a methodology for planning-evaluation		Town Planning Review	
2011	Bridging the gap between planning evaluation and programme evaluation		Education	
2013	Metabolic impact assessment for urban planning		Journal of Environmental Planning and Management	

注:整理此表的初衷是,笔者认为成熟的专题研究需要学者经历较长期的理论沉淀和实证研究的积累,最终通过积累形成有价值的研究成果。对研究者个人而言,不同阶段的研究成果也是循序渐进的,因而,此表对国外在规划实施评估领域开展过系统性研究的学者及其研究成果做了全面的梳理,通过追溯关键学者的研究演进和研究方法,更清晰地理清领域内的研究脉络。

附录 B　各地评估实践的调查访谈提纲(简)

(1)背景目的:规划实施评估工作开展的背景是什么?评估工作的关键目标和重点是什么?

(2) 组织形式:评估工作的参与人数是多少?开展周期是多久?利用资源是什么?

(3) 技术方法:采用了什么方法?运用了哪些关键数据?是否建立了数据平台?是否参考了其他城市的实施评估工作,例如北京、广州或国外城市等?是否存在方法改进的可行思路?例如:①探究实施结果背后的原因,结合案例的跟踪分析;②从发现问题的角度出发看规划问题的解决效果(衡量指标的有效性,但局限于原有问题);③转译规划目标为行动指南;④自对比是否有效,对实施效果分区,评估实施手段的优劣,以进一步制定差异化的实施策略;⑤一致性和有效性的结合……

(4) 时间周期:多久开展一次评估工作?不同年份开展的规划实施评估有什么差别(目标、内容)?实施评估时间节点和规划修改或修编工作有什么关系?年度实施监测报告在我国实行的可能性有多大?

(5) 评估价值:评估价值判断由谁主导,政府还是公众?评估工作是目标导向还是现状问题导向?服务性?是否受政治等因素的影响?

(6) 反馈作用:评估结果具体是怎么实现反馈作用的?

(7) 评估难度:我国现阶段规划实施评估工作中的核心难点是什么?例如:规划的远期性整体性和实施的近期性阶段性的矛盾,总体规划编制中没有具体机制和政策配套,没有设定具体实施路径,较难找到量化指标等,数据有限,评估工作目标导向强等。

(8) 评估意义:如何看待规划实施评估的意义?

(9) 规划和评估的话题讨论:

评估的泛化:总体规划实施评估和其他各类专题评估或研究的区分。

规划的泛化:评估规划产生的影响是否夸大规划在经济、社会、文化各方面的作用?

基于改进评估方法的目标“理论推演更合理,方法更科学,工作更高效”,未来评估和规划的改革方向是什么?例如:如何将评估结果纳入规划编制、规划实施、规划管理体系中;如何引导规划编制工作的转型,从蓝图式远景式向近期规划转变,从重视物质空间向政策转变;如何引导实现动态规划“规划—实施效果—评估—实施计划—实施效果”的模式。

附录C　基于我国规划实施评估实践的方法梳理(简)

编号	地点	起始年	评估年	评估目的	评估对象	参照对象	价值判断标准	评估者	反馈对象	方法简述	数据类型
1	安徽马鞍山	2002	2009	修编前的评估工作	城市总体规划	规划目标	未来发展目标	第三方	政府	逐条比较,分析哪些按照原目标,但在区域方面要发展	基本数据
2	安徽蚌埠	2008	2011	全面考察城市总体规划实施的效果,客观地审视一致性,为规划实施管理机制的完善提出相应的建议	城市总体规划	规划目标和原状	不明确	第三方	政府	在实施效果、实施机制、实施环境、实施影响力、实施可持续性等方面开展评估	基本数据、问卷数据
3	安徽淮南	2010	2013	是否按照规划目标实施,检验总规实施情况,为制定相关城市发展政策提出建议	城市总体规划	规划目标	全面指标体系	第三方	政府	指标体系-评估者打分、实施成效评估、实施管理评估	现状调研情况、质性或量化数据
4	安徽合肥	2006	2010	评价实施结果	近期建设规划	规划目标	全面指标体系	第三方	政府	建立全面的评价指标体系,计算得分;同时开展对规划实施机制的评估	基本数据

续表

编号	地点	起始年	评估年	评估目的	评估对象	参照对象	价值判断标准	评估者	反馈对象	方法简述	数据类型
5	安徽庐江县盛桥镇	2010	2014	规划实施成效的评价，分析规划实施的机制，提升规划实施的效果	镇总体规划	规划目标	全面指标体系	第三方	政府	指标系统和专家赋权重	人口、用地等数据
6	福建厦门	2004	2010	发现问题—制定目标—提出建议—规划修改	城市总体规划	规划目标	未来发展方向	本地规划院	政府	基础事实：监测数据，包括建设和发展情况、空间和人口变化、比较原规划； 愿景陈述：公众问卷	基本数据、问卷数据
7	广东广州	2002	2006	总体规划修编前的评估； 编制近期建设规划	城市总体规划	规划目标	全面指标体系	本地规划院	政府	每年以年报为基础的小评价，3—5年大评价； 从经济社会发展、城市空间结构、城市规模、下一层级的城市规划编制、土地综合利用、公共设施、市政设施、生态和环境、历史文化名城、减灾防灾设施、村镇建设等多方面开展定性描述和GIS空间分析	全面数据和资料
8	广东广州	2001	2007	监测实施	城市总体规划	规划目标	事实依据-用地	第三方	—	各类用地指标的吻合度、市政设施规划与实际建设的吻合度、未实施规划和违反规划等情况，及其可能的原因与后效应	用地数据
9	广东广州	2001	2007	发现问题	城市总体规划	规划目标	事实依据-用地	本地规划院	政府	用地规划吻合度、建设用地总量吻合度、不同功能的用地比例	以用地数据为主
10	广东广州	2001	2009	发现问题，为实施提供建议	专项规划-生态	规划目标	生态	本地规划院	政府	分项指标，各方面描述和判断	相关项数据
11	广东广州番禺区	2001	2010	发现问题	片区规划	规划目标	全面指标体系	第三方	政府	各方面描述和判断，公众问卷	基本数据、问卷数据

续表

编号	地点	起始年	评估年	评估目的	评估对象	参照对象	价值判断标准	评估者	反馈对象	方法简述	数据类型
12	贵州六盘水	2007	2012	发现问题，调整规划	城市总体规划	规划目标	事实依据	第三方	政府	对照和原因分析，不仅关注目标，也分析原因、环境变化等	用地等数据
13	湖北武汉	2011	2013	监测	城市总体规划	规划目标	全面指标体系	本地规划院	政府	根据目标，建立指标体系，积累和监测数据	人口、用地等基本数据
14	湖北武汉	2006	2010	发现问题	专项规划-名城保护	规划目标	名城历史保护	第三方	政府	评价体系，和目标比较，以及专家打分法	基本数据
15	湖北武汉	2003	2014	为科学合理地指导绿地系统专项规划的编制调整和城市绿地系统的建设实施提供重要的参考和支撑	专项规划-绿地	规划目标-基本指标	社会公众环境保护	本地规划院	政府、园林部门等	绿地公共问卷调查、评测空气污染指数等环境指标、空间分析（可达性等）	问卷数据
16	湖北武汉	2004	2013	主要为下一步对策提供基础	专项规划-城中村改造	原状	事实依据-用地	本地规划院	政府	现状情况梳理（改造面积，人均面积和政策）	面积数据
17	湖北武汉	2010	2012	动态监测，对后续的规划编制工作有帮助	片区规划	原状和规划目标	事实依据-用地	第三方	政府	从用地规模、空间发展方向、用地结构、用地功能布局四个方面展开	用地数据
18	湖南长沙	2003	2009	发现问题，提出修编建议	城市总体规划	规划目标	事实依据-用地、社会公众	第三方	政府	从建设用地实施情况、居住用地实施情况、公共服务设施用地实施情况、工业用地实施情况、绿地实施情况、空间管制实施情况等六方面对城市总体规划实施情况进行评估，再定性地分析规划实施的机制指标体系和问卷调查，机制分析	空间数据、公共问卷数据

续表

编号	地点	起始年	评估年	评估目的	评估对象	参照对象	价值判断标准	评估者	反馈对象	方法简述	数据类型
19	湖南长沙	2004	2010	发现问题	控制性详细规划	规划目标	事实依据-用地、社会公众	本地规划院	政府	程序性评估、目标性评估、公众性评估	各方面数据、公共问卷数据
20	湖南湘潭	2009	2012	为总体规则修改提供建议；在新的背景和新的发展形势下，客观评价2009年版总体规划的实施效果，理性检讨规划存在的不适应方面，并提出2009年版总体规划修改的基本思路和方向	城市总体规划	规划目标	全面：区域发展、城镇体系、城市性质和规模	本地规划院	政府	对实施绩效和实施机制做出评估，按照总规条目逐条做出比对和情况罗列，属于定性评估	全面的现状情况
21	江苏常熟	2002	2008	发现问题	城市总体规划	规划目标	空间效能	本地规划院	政府	应用计量地理学开展用地评价，包括生长极核模型、用地效益评价、用地调控效力指数、Logit 回归等	用地数据
22	江苏南京	2001	2009	发现问题，修编前的评估工作	城市总体规划	规划目标	全面指标体系	本地规划院	政府	城市总体规划回顾和分析表、定性描述与判断	多方面数据
23	江苏无锡	2000	2010	发现问题	专项规划-道路	规划目标	社会公众	本地规划院	政府	数值上的一致性比较，同时定性地描述和判断	基本数据和调研数据
24	江苏无锡	2001	2008	修编建议	城市总体规划	规划目标	全面指标体系	第三方	政府	前瞻性和实效性	基本数据和调研数据

续表

编号	地点	起始年	评估年	评估目的	评估对象	参照对象	价值判断标准	评估者	反馈对象	方法简述	数据类型
25	江苏苏州	2012	2015	从“规划”对“创新”引导的角度，关注园区创新体系的建构和评估	片区规划	规划目标城市横向比较	创新效率	本地规划院	政府	规划回顾、数据整理、定性判定	人口、经济、用地等基本数据
26	江苏徐州	2007	2012	从居民角度，了解规划实施的结果，对今后的总体规划实施需要研究解决的重大课题提出建议	城市总体规划	原状	社会公众	本地规划院	规划部门	公众满意度问卷调查：城市建设满意度、规划认知度、居住环境满意度	问卷数据
27	江西赣州市信丰县	2003	2010	修编前的评估工作	县总体规划	规划目标和原状	全面指标体系	本地规划院	政府	从规划目标、空间布局、与其他规划的衔接、公众满意度四个方面展开，确立指标体系，采用层次分析法与专家打分综合法相结合的方法来确定规划实施评价指标的权重	指标中相关数据
28	江西吉安永新县	2006	2010	数据监测，发现问题	县总体规划	规划目标	全面指标体系	第三方	县政府	建立指标体系并算分	全面数据
29	内蒙古呼和浩特	2008	2012	总体规划修编前的评估	城市总体规划	规划目标	城市性质、发展目标、城镇体系等	第三方	政府	定量评估方法、指标体系、条块式	现状基本数据
30	内蒙古扎兰屯	2006	2012	修编前的评估工作	城市总体规划	规划目标	全面指标体系	第三方	政府	按照《试行办法》的七个方面，建立指标体系，开展问卷搜集	调查问卷数据

续表

编号	地点	起始年	评估年	评估目的	评估对象	参照对象	价值判断标准	评估者	反馈对象	方法简述	数据类型
31	内蒙古武川县可可以力更镇	2003	2010	发现问题	镇总体规划	规划目标	事实依据：用地、人口	第三方	镇政府	量化比较	用地和人口数据
32	内蒙古兴安盟	2008	2013	把握城镇体系规划的实施效果和区域城镇发展的阶段	城镇体系规划	规划目标	全面指标体系	第三方	政府	从总体发展目标、体系结构目标、城乡统筹目标、生态环境保护目标、基础设施发展目标、社会服务目标以及旅游发展目标七个方面来构建城镇体系规划实施评价指标框架	实地调查走访、搜集的数据
33	山东青岛	1995	2012	修编前的评估工作	城市总体规划	规划目标	全面指标体系	本地规划院	政府	一一对照原规划，并分析实施不一致的原因	基本数据
34	山东诸城	2003	2012	空间发展的效果评估，修编建议	城市总体规划	规划目标、同类城市比较	空间发展的经济绩效、环境绩效、社会绩效	第三方	政府	确立指标、搜集数据、对比评价	人口、用地、公共服务设施等数据
35	山东胶南	2004	2010	编制近期建设规划	城市总体规划	规划目标	基本数据，用地	第三方	政府	用地规模、边界、功能布局、城市结构	用地数据
36	山东胶南	2004	2010	发现问题，提出修编建议	城市总体规划	规划目标	事实依据：用地	第三方	政府	空间发展趋势、空间形态、空间发展绩效等三方面	基本用地数据
37	山东莱芜	2003	2013	评估公众对实施结果的满意度，从而有助于进一步提升实施效果	城市总体规划	原状	社会公众	第三方	政府和规划部门	确立满意度评价模型和指标体系	问卷数据

续表

编号	地点	起始年	评估年	评估目的	评估对象	参照对象	价值判断标准	评估者	反馈对象	方法简述	数据类型
38	山东临沂市沂南县	2002	2009	发现问题	县总体规划	规划目标	用地	本地规划院	政府	用地布局、紧凑度、用地规模	以用地数据为主
39	山西长治市武乡县	2010	2013	把握现行总体规划2010年以来的实施情况，并为科学谋划下一步总体规划修编提前进行必要的规划技术储备	县总体规划	原状和规划目标	全面指标体系	第三方	政府	定性分析	基本数据、情况梳理
40	陕西洛南	2002	2010	对规划实施中存在的主要问题进行分析，对城市未来发展做出战略判断，提出基本策略和对策建议，以进一步深入推进城市总体规划实施	县总体规划	规划目标	全面指标体系	本地规划院	政府	定性描述与判断	各方面数据
41	陕西铜川	2007	2014	从规划实施效果、实施过程、可持续性三方面评估实施，并提出规划修编建议	城市总体规划	规划目标	全面的指标体系，包括强制性内容、转型可持续发展、社会满意度	第三方	政府	层次分析法与主成分分析法确立的指标体系； 指标遴选（隶属度）、相关性分析、效度和信度检测、权重赋予； 可以定量的指标通过计算偏差比率，不能定量的指标由评估者打分判定	人口、用地等基本数据

续表

编号	地点	起始年	评估年	评估目的	评估对象	参照对象	价值判断标准	评估者	反馈对象	方法简述	数据类型
42	四川攀枝花	2010	2014	发现问题，形成控规调整对策和建议	控制性详细规划	规划目标	以产业发展为核心	第三方	管理部门和规划局	规划实施结果的一致性评估：针对功能定位、发展规模、土地利用和实施建设等内容，从目标一致性、实施符合度进行综合评价； 前瞻性分析：立足城市发展背景、政策导向、发展诉求、上位规划和资源合理利用等，客观分析规划调整的必要性； 规划调整为导向：即便是一致性评估，但在评估结论中依然直指规划本身的问题，为规划调整做铺垫。调整对策的篇幅也远大于规划评估本身	用地、人口等基本数据
43	天津	2006	2011	发现问题，确定总体规划指导作用	城市总体规划	规划目标	全面指标体系	本地规划院	市政府	定量指标体系、定性描述判断、公众问卷	用地等基本数据、公众调研数据
44	天津	1996	2004	修编前的评估工作	城市总体规划	规划目标	修改目标	本地规划院	政府	常态化评估和修改前评估	各方面数据
45	天津津南区	2008	2012	动态监测	城市总体规划	规划目标和原状	事实依据-用地	本地规划院	政府	利用遥感监测数据开展用地的分析	各类用地数据
46	新疆克拉玛依	2007	2012	发现问题	城市总体规划	规划目标	人口和用地	第三方	政府	指标对照和原因分析	用地等数据

续表

编号	地点	起始年	评估年	评估目的	评估对象	参照对象	价值判断标准	评估者	反馈对象	方法简述	数据类型
47	云南玉溪	2010	2013	符合两年一次的评估周期，定期进行的规划评估既可以迅速发现城市规划实施面临的主要问题，也可以有效反映地方政府在规划管理中的诉求	城市总体规划	规划目标	人口、用地、产业、生态等指标	第三方	政府	一致性评估、实施效果评估、外部机遇分析	人口、用地、产业、生态等数据
48	浙江杭州	2005	2010	基于空间一致性的规划，实施评价方法体系，多维度评价杭州市现行城市总体规划对城市发展的空间引导与管控效果	城市总体规划	规划目标	事实依据-用地	第三方	政府	利用 GIS 工具分析空间重心的转移、空间布局吻合度、空间扩张强度和方向	用地数据
49	浙江杭州	2001	2010	发现问题，调整对策	城市总体规划	规划目标	全面指标体系	第三方	政府	指标体系、专家打分、问卷调查，机制分析，实施环境适应性评估、实施结果符合性评估、总规成果操作性评估、实施规划严肃性评估、实施规划能动性评估、实施监督有效性评估	现状数据
50	浙江杭州	2009	2012	发现问题，形成下一步规划对策	专项规划：公共服务	规划目标和原状	社会公众	第三方	政府	参照规划目标比较实施结果，通过问卷调查搜集公众满意度	用地数据、社会调查问卷数据

续表

编号	地点	起始年	评估年	评估目的	评估对象	参照对象	价值判断标准	评估者	反馈对象	方法简述	数据类型
51	浙江杭州钱江新城	2001	2011	比较城市空间实际使用情况与原规划预期,评价一个还未被完全投入使用的城市空间	片区规划	规划目标	空间绩效	第三方	新城管理层	空间句法关注空间绩效而非单纯空间形态上的比对。以空间句法模型为技术支撑,从城市多尺度空间结构、中心性、活力度、路径选择等方面,模拟、解析规划实施不同阶段空间使用情况,并将规划意图与空间绩效进行比对,对核心区空间结构、功能布局(如用地性质和开发强度)之间的关系进行分析,提供科学判读规划实施实效的基础	路网结构
52	浙江宁波	2005	2013	监测现阶段规划实施情况	控制性详细规划	原状	全面指标体系	第三方	政府	从南部商务区总体定位的评估、总体规模的评估、空间结构的评估、片区功能设置的评估、片区空间形态的评估、道路交通系统的评估、公共空间的评估、地下空间基础设施的评估,以及建设运营效果的评估等多个方面,形成一个全方位动态的规划实施评估体系	实地调查搜集的数据
53	浙江余姚	2001	2005	—	城市总体规划	规划目标	全面指标体系	第三方	—	指标体系、专家打分、问卷调查,机制分析	—
54	浙江温州	2003	2015	常态评估与修改论证相结合,启动规划修改	城市总体规划	规划目标	全面指标体系	本地规划院	政府	三个时间维度、三个空间层次,六大内容、两大专题; 主要针对实施结果、实施过程和未来适应性做出评估	人口、用地、产业等数据

续表

编号	地点	起始年	评估年	评估目的	评估对象	参照对象	价值判断标准	评估者	反馈对象	方法简述	数据类型
55	重庆	2007	2009	监测	城市总体规划	规划目标	全面指标体系	本地规划院	政府	按照《试行办法》的七个方面，建立指标体系，开展纵向和横向对比	基本数据
56	重庆合川区	2005	2008	监测	片区规划	规划目标	全面指标体系	第三方	政府	指标体系和问卷调查	—
57	重庆永川区	—	2008	发现问题	片区规划	规划目标	全面指标体系	本地规划院	政府	建设用地使用情况评估、规划指标实施情况评估、重大项目实施评估、城市建设用地发展态势评估、新确定的重大项目对城市总体规划的影响与分析	各方面数据
58	重庆万州区	2006	2008	发现问题，监测实施情况	片区规划	规划目标	全面指标体系	第三方	政府	从城市空间布局、城市环境、城市经济发展、社会文明建设等方面检测反馈，构建评价体系	各方面数据、问卷数据
59	重庆垫江县	2003	2008	反映公众意见，评估规划的公众认知度	县总体规划	原状	社会公众	第三方	政府	针对公共市政设施和公共服务设施配置的满意度搜集数据	社会调查问卷数据
60	重庆武隆县	2005	2010	规划修改	县总体规划	规划目标	事实依据为主，背后隐藏着经济发展的价值标准	本地规划院	县政府	一致性评估、实施率计算、前瞻性分析	用地数据
61	重庆秀山县	2004	2009	发现实施中的问题，提供规划修改建议	县总体规划	规划目标	事实依据：用地	第三方	县政府	用地数据的对比和趋势分析	用地数据

续表

编号	地点	起始年	评估年	评估目的	评估对象	参照对象	价值判断标准	评估者	反馈对象	方法简述	数据类型
62	北京	2004	2009	实施回顾,发现问题,提升实施策略	城市总体规划	规划目标	综合全面的评价体系	北京市规划院	市政府	案例描述、分析和判断	现状数据
63	北京	2004	2009	发现问题,监测数据,规划建议	专项规划-产业	规划目标和原状	产业	北京市规划院	政府	数据分析	产业数据
64	北京	2004	2009	发现问题,提出建议	城市总体规划	原状	公众	第三方	政府	指标体系、公众问卷的结果比较	问卷数据
66	北京通州	2005	2014	全面分析检查规划实施效果及各项政策措施落实情况,新城总体规划实施评估可以为规划继承、调整和深化提供建议	新城规划	规划目标、国家标准、国内外城市、专家咨询确定	综合全面的评价体系	北京市规划院	通州市政府	层次分析法结合专家咨询确定指标权重,模糊综合评价法(5分制)与通州新城现阶段发展面临的问题密切相关,与总体规划核心内容相关,能体现城市的发展趋势	实现度/吻合度计算、8位专家打分
67	北京通州	2005	2012	发现实施以来的问题	新城规划	规划目标	综合全面的评价体系	第三方	通州市政府	规划数据对照,未开展原因分析	全面数据
68	北京丰台	2004	2015	从静态评估到动态监测	片区规划	规划目标横向比较	人口、用地等全面指标体系	丰台区规划信息中心	丰台区政府	大数据动态监测平台、指标体系	人口、用地等数据应建立相应的标准,空间数据库,算法模型,横向比较数据

续表

编号	地点	起始年	评估年	评估目的	评估对象	参照对象	价值判断标准	评估者	反馈对象	方法简述	数据类型
69	北京南锣鼓巷	2006	2013	面对不确定性的反馈，对规划实施效果进行追踪和评价，有助于根据新情况对原规划进行修正和调整	片区历史保护规划	原状	历史保护，社会、经济、环境	第三方	片区管理部门	历史环境保护评价、社会效益评价、经济效益评价和环境效益评价分别作为一个整体进行评价，构建了16项评价指标，专家咨询法确定权重	问卷数据、调研数据
70	北京什刹海	2002	2012	客观地回顾和评估保护区保护规划编制实施以来的经验和教训，以更好应对新形势下名城保护工作的目标	片区历史保护规划	原状	历史保护、文化、社会	第三方	片区管理部门	从实效评价、价值评价、技术评价三个方面展开，并包含了实施过程的评价：实施动因机制和价值导向的关系	实地调研数据、问卷数据
72	上海	1999	2012	客观反映发展现状和突出问题，理性研判发展的形势，立足长远，着眼未来，为城市持续健康发展提出若干重大战略、策略建议	城市总体规划	规划目标	全面指标体系	上海规划院	政府	确定10项60余个总体规划相关指标，历时半年，形成1份《上海市城市总体规划（1999—2020年）实施评估研究报告》，15项专题报告和1个“上海市城乡发展战略数据平台（SDD）”系列成果	全面的现状情况
75	上海	2008	2010	发现问题，监测实施情况，定期评估	控制性详细规划	规划目标	用地	上海规划院	政府	指标体系，定期评估和反馈；通过公众访谈和趋势预测，预测未来发展方向	用地数据、公众访谈数据

续表

编号	地点	起始年	评估年	评估目的	评估对象	参照对象	价值判断标准	评估者	反馈对象	方法简述	数据类型
71	上海长宁区	2000	2012	为上海城市总体规划实施评估提供依据	分区总体规划	规划目标同类城市	全面指标体系	第三方、中规院上海分院	政府	参考伦敦确立指标体系，建立 9 大评估方面 54 个评估指标，实效性、前瞻性/趋势性	人口、用地等，但部分指标项缺少分区对标数据
73	上海某社区	2007	2012	确保规划实施的有效性，及时发现问题	控制性详细规划	规划目标	用地和利益相关者	第三方	政府	确定三个层次的评估：空间一致性、目标符合性、政策回应性	用地数据、公众访谈
74	上海曹杨新村	1950	2012	新老变化	社区规划	规划目标	公众	第三方	—	比较与方案的差异性和一致性，以定性分析为主	实地调研数据
76	上海临港新城泥城社区	2006	2008	发现问题，提出解决方案	控制性详细规划	规划目标	隐形评估和显性评估	上海规划院	政府	政策因素、利益因素和技术因素、外部环境分析、多个效益层面的分析； 效能评估主要从规划运作体系和管理体系的角度来进行效能评估	全面数据

后　记

这本书是在我硕士与博士论文研究基础上进行深化修改的阶段性成果。我关于规划实施评估的研究兴趣始于2012年英国剑桥，当时感叹于英国城市规划方案的实现度，萌生了一个想法：如何才能使得我们编制的规划真正实现让城市生活更美好这一愿望呢？于是我在导师清华大学尹稚教授与剑桥大学凯文·麦克唐纳（Kelvin MacDonald）教授的指导下开启了这次研究之旅。在英国伯明翰、剑桥、布莱顿等多个城市，我与地方政府工作人员与规划师交流访谈，撰写了题为*How is the evaluation of plan implementation conducted? Research on the link between the theory and practice*的硕士论文。后来回到国内结合北京、上海等城市实践案例，继续开展中国规划实施评估的研究。博士毕业后进入东南大学建筑学院任教，因为承担了《城市规划原理》教学工作，也得到国家自然科学基金（51808106）和江苏省自然科学基金（BK20180390）资助，开展了一些规划实施评估的实证研究，对论文成果做出了些许修改，最终形成了本书。

一路走来，我由衷地感谢导师尹稚教授为我提供了优越的资源支撑和开放的研究环境，他引领性的观点和旗帜性的践行深深影响着我。同时也特别感谢顾朝林教授、张杰教授、吕斌教授、吴唯佳教授、边兰春教授、刘佳燕副教授、王英副教授和赵锦华教授等在研究过程中的言传身教。感谢北京规划院的领导和实习期间共事的规划师们为我提供了参与重要城市规划评估与修编实践的宝贵机会。感谢上海俞斯佳总工，中规院上海分院郑德高院长、马璇规划师，清华同衡王晓东院长，住建部张舰主任和王伊倜师姐在研究过程中的无私帮助。

2021年，应着国家出台了《国土空间规划城市体检评估规程》，我把积攒了多年的成果重新拿出来，希望得到更多前辈同仁们的批评指正，共同为实现规划的价值与意义而努力。本书承蒙导师尹稚教授作序勉励，再次谨致谢忱！另外也要感谢东南大学出版社和东南大学建筑学院城乡规划系的大力支持，感谢学院前辈们寄予的厚爱，感谢出版社与学院同事们的辛勤协助，深表敬意！

徐　瑾

2021年7月于南京